公共財と外部性：
日本の農業環境政策

植竹哲也著／訳

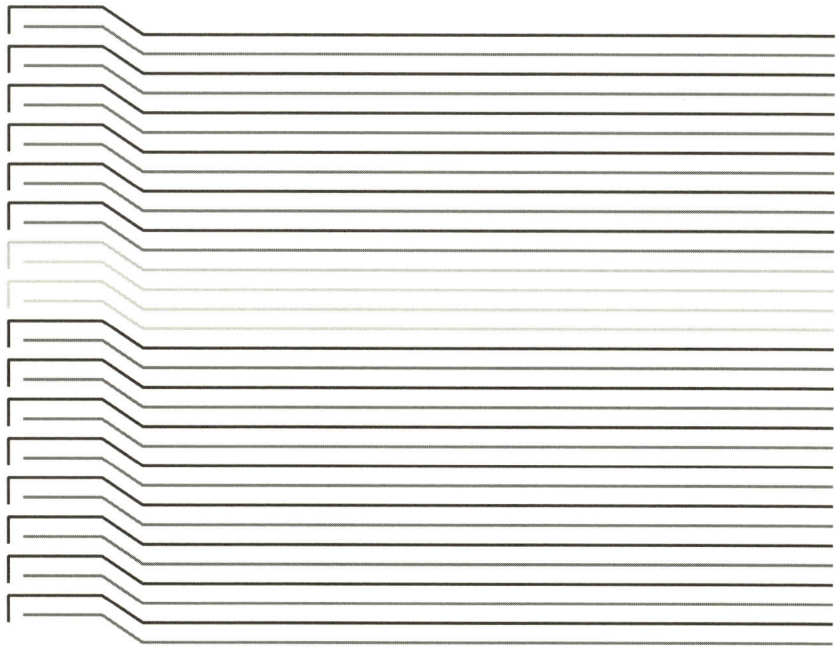

Public Goods and Externalities: Agri-environmental Policy Measures in Japan

筑波書房

本書は、OECD事務局長の責任によって出版されたものである。本書で表明されている意見及び取り上げられている議論は、必ずしもOECD加盟国の公式見解を反映しているものではない。

本書と本書内の地図はいかなる領域の状況や主権、国境線や境界の限界、領域、市及び地域の名称について予断を与えるものではない。

イスラエルに関する統計データは関連するイスラエル当局の責任の下、提供されたものである。OECDによる当該データの使用は国際法に基づくゴラン高原、東エルサレム、ヨルダン川西岸地区のイスラエル入植地区の状況について予断を与えるものではない。

本書の出版は、ケン・アシュ貿易農業局局長によって許可された。

本シリーズに関するコメントを歓迎する。その場合は、tad.contact@oecd.orgまでコメントを送付いただきたい。

OECD食料・農業・漁業ペーパーはwww.oecd.org/agricultureにおいて公表されている。

本書は以下の表題で出版された原書（英語）を日本語訳したものである。
"Public Goods and Externalities: Agri-environmental Policy Measures in Japan", *OECD Food, Agriculture and Fisheries Papers*, No. 81,
© 2015 OECD
© 2015 Tsukuba shobo for this Japanese edition
この翻訳の質と原著との整合性は翻訳者の責任である。原著と翻訳書に齟齬がある場合は、原著の文が優先される。

要約

公共財と外部性：日本の農業環境政策

植竹哲也, OECD（経済協力開発機構）

　農業は食料、繊維、燃料といったもののほかに、生物多様性、水質、土壌等の環境に正負の影響をもたらす。これらの農業生産活動に由来する環境外部性は、同時に非排他性、非競合性の特徴を有していることがある。本書では、環境外部性がこれらの特徴を有している場合、農業環境公共財と定義することとする。農業環境公共財は必ずしも望ましいものとは限らない。環境に対して負の影響をもたらす場合は、負の農業環境公共財と定義することができる。

　「公共財と外部性：日本の農業環境政策」は、日本の農業環境政策について分析することにより、農業環境公共財の供給と負の農業環境公共財の削減を図るための適切な政策について、理解を深めることを目的としている。本書では、負の農業環境公共財の削減を含む農業環境公共財を供給するための政策の立案に資する情報提供を行う。本書は、OECD編「Public Goods and Externalities: Agri-environmental Policy Measures in Selected OECD Countries（邦題：公共財と外部性：OECD諸国の農業環境政策）」の5カ国のケーススタディのうちの1つである。

　キーワード：公共財, 外部性, 農業環境政策, 日本
　JEL分類コード：Q52, Q53, Q54, Q56, Q57, Q58

謝辞

　貴重なコメントをいただいた木南莉莉先生（新潟大学）、佐々木宏樹氏（FAO）の各氏及び原稿の編集をお願いしたMichèle Patterson（OECD貿易農業局）に感謝申し上げる。OECD各国の代表団からも有益な情報とフィードバックを頂いた。Françoise Bénicourt（OECD貿易農業局）とMichèle Pattersonの両氏には出版関連の準備をお願いした。

　OECDの「農業と公共財プロジェクト」は、OECDの農業委員会及び環境政策委員会の下部組織である農業・環境合同作業部会（JWPAE: Joint Working Party on Agriculture and the Environment）の下で実施された。本プロジェクトは植竹哲也（OECD貿易農業局環境課農業政策アナリスト）が担当した。農業・環境合同作業部会は2014年6月に本書の秘匿解除に合意した。

目次

要旨	7
第1章　はじめに	9
第2章　日本において政策対象となっている農業環境公共財	11
第3章　農業環境公共財と農業生産	15
第4章　農業環境公共財と市場の失敗	20
4.1.　農業環境公共財の需要	20
4.2.　農業環境公共財の供給	25
4.3.　農業環境公共財と市場の失敗に影響を与える要因	31
第5章　リファレンス・レベルと農業環境目標	33
第6章　農業環境公共財のための農業環境政策	40
6.1.　規制的手法	41
6.2.　経済的手法	42
6.3.　技術的手法	46
6.4.　農業環境公共財と各種政策	48
第7章　結論	56
参考文献	62

表

表1. 政策対象となっている主な農業環境公共財 …………… 11
表2. 農業・農村の維持活動に対する意識 …………… 21
表3. 農業環境公共財の傾向 …………… 26
表4. リファレンス・レベルと農業環境目標の概要 …………… 35
表5. 農業環境政策の概観 …………… 40
表6. 主な農業環境政策と農業環境公共財 …………… 50
付録表1. リファレンス・レベルと農業環境目標の概要（詳細）…………… 59

図

図1. 農村集落会合の開催回数と主題 …………… 17
図2. 農業環境公共財の供給システム …………… 18
図3. エコファーマーの数 …………… 22
図4. 日本の農地面積の推移 …………… 27
図5. 農業の地下水かん養機能の容量 …………… 29
図6. 日本におけるリファレンス・レベルと農業環境目標 …………… 34
図7. リファレンス・レベルと農業環境目標の関係 …………… 37
図8. 民間企業による地下水かん養プロジェクトのスキーム …………… 54

要旨

日本において政策対象となっている主な農業環境公共財は９つある。すなわち、農村景観、生物多様性、水質、水量・水源のかん養、土壌の質・土壌保全、炭素貯留、地球温暖化、大気の質、そして国土の保全（洪水、雪害、火災防止）である。

ほとんどの日本の農業環境公共財は、農業生産活動と一体的に供給されている。例えば、日本の農村景観は、人と自然との長い歴史の中で作り上げられたものであり、水源かん養機能や洪水防止機能は、水田や水路等の資源の管理を通じて供給されている。

日本の農業環境公共財は、ほとんどの場合、過小供給状態にある。利用可能なデータは限られているが、これらのデータは、農業環境公共財の需要はあるものの、多くの場合、これらの財の供給状態が悪化していることを示唆している。しかし、これらの農業環境公共財の市場の失敗の程度は明らかではない。また、市場の失敗の状況は地域によっても異なり、政府の介入の優先順位と必要な介入の規模も、それぞれの農業環境公共財の市場の失敗の程度によって変わりうる。

農業環境公共財の供給を確保するためには、適切なポリシーミックスが必要である。日本の環境目標を達成するためには、一般的に、経済的手法と技術的手法が用いられている。ただし、水質、土壌の質、大気の質といった農業環境公共財については、規制的手法が主に用いられ、農家はリファレンス・レベルまで費用を負担することが求められている。多くの場合、複数の政策

が実施されているが、政策間の調整は不十分であり、ある政策がどの程度ある問題に対処し、その他の政策がどの程度当該問題に対処しようとしているのかは不明確である。

農業環境公共財の供給費用の負担について、もっと注意を払うべきである。多くの場合、リファレンス・レベルと農業環境目標は明確に設定されていない。多くの経済的手法に関して、現在の農業生産活動に基づく環境レベルがリファレンス・レベルとなっている。このため、政府は、農家が持続可能な農法を取り入れようとする場合、農家に対して支払いをすることになる。しかし、政府の介入前に、農家がどの程度農業環境公共財の供給費用を負担し、政府、国民がどの程度費用を負担すべきかについて、さらに議論する必要がある。

地方公共団体や民間企業による生態系サービスに対する支払い等、先進的な取組が行われている。これらの官民協力は、農業環境政策の費用対効果を改善させることができうることから、これらの取組の可能性についてさらに検討すべきである。

優れた農業環境指標の策定に向け、さらなる努力が必要である。優れた農業環境指標は、政府の必要な介入の程度を明らかにするとともに、適切な量の農業環境公共財を生産するために必要とされる要因に的を絞った政策の立案・導入へとつながる。また、当該指標により、農業環境政策のモニタリングや評価もできるようになる。

第1章

はじめに

　農業は、日本の文化・伝統の中核的な役割を果たし、農村景観、生物多様性、洪水防止機能といった数多くの農業環境公共財を供給している。2009年時点で、農地は日本の国土の13％を占めており（OECD, 2013a）、多様な気候条件に応じて様々な農業が営まれている。ほとんどの農地はアジアモンスーン気候に属し、年間降雨量は地域や季節に応じて変動はあるものの、稲作に適したものとなっている。しかし、近年異常気象が増加傾向にあり、多くの地域で洪水や地滑りの危険性が増している（OECD, 2002; 2008; 2010a）。

　農業環境公共財の供給を確保することは、1999年に制定された「食料・農業・農村基本法」に掲げられている目標のうちの1つである。日本には、多くの農業環境政策が存在するが、今日までに、農業環境公共財を対象とする環境規制、環境支払い等の農業環境政策について、総合的に調査分析を行った研究はほとんど存在しない。このため、本書では、日本の農業環境政策を総合的に分析し、以下の点について検討することとする。

- どのような農業環境公共財が日本では政策対象となっているのか。
- これらの農業環境公共財は、日本の農業の生産過程でどのように供給されているのか。
- 農業環境公共財の供給量は需要量と一致しているのか。農業環境公共財に関する市場の失敗は実際に存在しているのか。
- 市場の失敗が存在する場合、誰が農業環境公共財の供給費用を負担しているのか。どの程度、農家が費用を負担し、どの程度社会が費用を

負担すべきなのか。どのように日本は農業環境目標とリファレンス・レベルを設定しているのか。
- どのような政策が農業環境公共財のために実施されており、どの政策がどの農業環境公共財を対象としているのか。

　本書の構成は以下のとおりである。第2章では、日本における主な農業環境公共財についてまとめる。第3章では、これらの農業環境公共財がどのように供給されているのかを議論する。第4章では、これらの農業環境公共財の市場の失敗について考察する。第5章では、日本におけるリファレンス・レベルの設定状況について紹介し、どの程度、農業環境公共財の供給費用を農家と社会全体がそれぞれ負担しているのかについて特定する試みを行う。第6章では、日本の農業環境政策はどのように構成されているのかを示す。そして最後に、第7章で結論を述べる。

第2章

日本において政策対象となっている農業環境公共財

　1999年に制定された「食料・農業・農村基本法」は、日本の農政の主な政策目標を定めている。農業環境公共財の供給の確保はその主要目標の1つである。農業環境公共財は多面的機能の一部であり、多面的機能の例として、同法には国土の保全、水源のかん養、自然環境の保全、良好な景観の形成が挙げられている（同法第3条）。その他の農業環境公共財（正の公共財の供給だけでなく、負の公共財（public bads）の削減も含む）も、様々な農業環境政策により政策対象とされている。本書では、日本の農業環境政策を分析することにより、日本では主に9つの農業環境公共財が政策対象とされていることを明らかにした（表1）[1]。

表1．政策対象となっている主な農業環境公共財

農村景観	炭素貯留
生物多様性	地球温暖化
水質	大気の質
水量・水源かん養	国土の保全
土壌の質・土壌保全	

---

[1] 日本では、農村振興や食料安全保障等の社会的公共財も重要な政策目標となっているが、本書では、農業環境公共財に議論を絞ることとする。これは、本書が、農業環境政策の立案に資することを目的としているためであり、社会的公共財の議論は、農業環境政策の分野を超えたより幅広い議論が必要となるためである。

農村景観と**生物多様性**は、日本において政策対象とされている農業環境公共財である。両者とも、日本において重要視されており、日本ではその大半が農地や二次林等の人の手が入った環境の中で作り上げられたものとなっている。これらは里地里山と呼ばれ、長い期間をかけて作り上げられ、そして持続的に維持されてきた（MOE and UNU-IAS, 2010）。水田は里地里山の例の1つであり、農村景観を形成し、洪水を防止し、食料安全保障に貢献する上で重要な役割を果たしている。しかし、日本の農地は農地転用等により過去20年間で大幅に減少している。このため、政府はこれらの景観を保全することを目的に「SATOYAMAイニシアティブ」を立ち上げたところである（**ボックス1**）。

ボックス1．里山とSATOYAMAイニシアティブ

　里地里山は、集落とそれを取り巻く森林、畑、果樹園、水田、水路、そして村や農家の混在地域を言う（Ministry of the Environment, 2009; OECD, 2010a）。森林、草原等の異なる土地利用と環境が混在することから、里地里山は、異なる生態系と野生生物の生息地の緩衝帯としての役割も果たしている。また、里地里山は、自然災害の防止機能や湿地帯保全機能も有している（OECD, 2010a）。

　2008年に「SATOYAMAイニシアティブ」が立ち上げられ、2010年には、生物多様性条約第10回締約国会議（COP10）において、環境省と国連大学高等研究所により「SATOYAMAイニシアティブ国際パートナーシップ」が創設された。このイニシアティブは、経済活動と生物多様性・生態系サービスの保全とのバランスをとるため、資源管理と土地利用に関する将来ヴィジョンを策定することを提案している（OECD, 2010a）。

環境省によると、里地里山は日本の国土の約40％を占めている（環境省, 2008）。日本人はしばしば里地里山に対して深い郷愁を抱き、里地里山は日本文化の発祥、想像、創造の地としての役割を果たしてきた。また、2009年の農林水産省の田んぼの生き物調査によると、伝統的な里地里山は、淡水魚の品種の約40％、カエルの品種の約80％の住処となっている（農林水産省, 2009）。

　日本の農業は、特に水田において大量に水を使用しており、**水質**と**水量**に大きく関係している。一般に農業は、水質に関して正と負の影響をもたらしている。水田は、脱窒機能を有していることから、野菜畑や果樹園に比べて少ない施肥で足りることが知られている（Mishima et al., 1999; Kumazawa, 2002; Babiker et al., 2004; 吉田他, 2010）。その結果、水田から表流水及び地下水に流れ込む窒素量は比較的少なく、より良い水質に貢献しているとされる（OECD, 2008）。さらに、水を再利用するかんがい施設を有している水田では、窒素汚染を減少させることもできる（Feng et al., 2004; Takeda and Fukushima, 2004; Shiratani et al., 2004）。しかし、湖や沿岸地域の富栄養化は、農業が原因の1つであり、一部の湖沼等で問題となっている。

　農業は水量と水使用可能量に影響を与える。日本の農業は水田を利用した稲作が中心であることから（Kobayashi, 2006）、2008年時点で、日本の総水使用量の66％を農業が占めている（OECD, 2013a）。しかし、水田は、水源かん養機能も有しており、日本の地下水の約20％が水田によりかん養されているという推計もある（三菱総合研究所, 2001）。

　農業は**土壌の質・土壌保全**にも影響を与える。土壌は私的財と公共財の両方の性格を有している。土壌は私的管理下にあり、農家に利益をもたらすこととなる土づくりは、農業の基本と考えられている。しかし、農家は、農薬や肥料の大量使用や、土壌の質や機能を低下させることとなるような不適切

な農法によって生産力を一時的に最大化させようとする短期的な誘因に駆られることがある。農地の一部が汚染され、人の健康に被害をもたらすリスクがあるような場合もある。ただし、他のOECD諸国で大きな問題となっている土壌浸食は、水田が土壌浸食を防ぐ機能を有していることもあり、日本では一般的に大きな問題となっていない（Takagi, 2003; 吉迫他, 2009）。このような負の側面だけでなく、よい土づくりによって、生物多様性の向上や水質・大気の質の改善、炭素貯留といった正の側面に貢献することもできる。土壌汚染を防ぎ、より良い土壌の質を保つことは、現在だけでなく将来にわたって公益をもたらすことになる。

　農業は**大気の質**と**気候変動**に影響を与えることから、より良い大気の質を維持し、気候変動を緩和させることもまた、公的関心事項の1つである。例えば、家畜の悪臭や野焼きは大気の質の低下をもたらすこととなる。このような公共財のほとんどが地方公共財としての性格を有している。様々な原因に由来する汚染を減少させるためには、特定の農法を取り入れることが必要となる(Cooper et al., 2009)。また、農業は地球温暖化ガスを排出するが、様々な農法を取り入れることにより炭素貯留量を増加させ、地球温暖化ガスの排出量を減らすことができる。炭素貯留機能を強化し、地球温暖化ガスの排出量を削減するため、近年、いくつかの農業環境政策が導入されている。

　日本特有の集中的な降雨と急な傾斜面は、豪雨の際に河川の急激な流れを引き起こし、甚大な洪水被害をもたらすことがある。しかし、農業は**国土保全機能**を有している。例えば、水田は水を蓄えることができることから、洪水防止機能を有している。森林と水田、水路は、地下水のかん養機能有していることに加え（OECD, 2009)、土砂崩れを防ぐ機能も有している(Yamamoto, 2003)。水田や水路は、火災を消火する際にも活用したり、延焼を防ぐことにも使うことができる。また、消雪用水として活用し、雪害を緩和することもできる。

第 3 章

農業環境公共財と農業生産

　農業環境公共財のほとんどは食料・農業生産活動と結合して生産されている。文化庁によると、日本の文化財産の90％以上が農業や農村活動と密接に関係している（OECD, 2008）。日本の大部分はアジアモンスーン気候に属し、その豊富な降水量は水田農業に適したものとなっている。その結果、北海道を除く農地の三分の二は水田であり、現に、ほとんどの日本の農業環境公共財は水田農業と関係するものとなっている（OECD, 2009）。例えば、水田景観の70％は棚田である（文化庁, 2003）。日本の水田が果たす役割の重要性については、国際的にも認知されており、国連食糧農業機関（FAO）は、能登半島の水田を世界農業遺産として登録している（ボックス2）。その他の農地としては、穀物、芋類、野菜等を栽培する畑、果樹園、草地といったものがある。これらの農地も、農村景観や生物多様性等の地域の農業環境公共財を供給している。

ボックス 2. 世界農業遺産と能登半島の棚田

　世界農業遺産（GIHAS）とは、「地域の環境保全と持続可能な開発に対する強烈なコミュニティの思いがもたらした世界的に重要な生物多様性が存在する素晴らしい土地利用システムと景観」をいう。国連食糧農業機関（FAO）は、2002年に開催された「持続可能な開発に関する世界首脳会議」で、伝統的な農業生産システムの重要性に対する認識を高

め、支持することを目的に、世界農業遺産を保全・管理するためのグローバル・パートナーシップ・イニシアティブを立ち上げた。

そして、2011年、「能登の里山里海」が、日本における初の世界農業遺産として登録された。この世界農業遺産は本州の石川県能登半島に位置している。能登半島は、人の営みを通じて形成された二次的自然環境に特徴付けられており、多くの環境サービスを提供している。しかし、生物多様性の喪失や気候変動がこれらの自然環境に大きな影響をもたらしている。このため、能登半島の集落は、里地里山を持続的に保全するための取組を共同で実施することにより、二次的自然環境がもたらす重要性についての理解と意識を高め、日本の文化遺産を支えている。

出典：世界農業遺産、http://www.giahs.org/giahs-home/en/
石川県、http://www.pref.ishikawa.jp/satoyama/noto-giahs/f-lang/english/index.html

農業そのものに加えて、水路等の農業インフラも国土保全機能等の様々な公共財を供給していることから、日本においては水路の保全等が政策対象とされている。伝統的に、日本では、農家や地域住民によって、農業環境公共財が供給されてきた。しかし、近年の農業従事者数の減少や集落機能の低下によって、これらの取組を維持することが難しくなってきている。このため、これらの農業環境公共財や共有財の維持を図ることが、日本の農政の重要な政策課題の１つとなっている（ボックス３）。

ボックス3. 日本の農村集落

水路等の整備もあり、日本では全国で稲作が発展した。これらの水路等は小規模な複数の農家によって、非排他的な共有財産として管理され

ている。農業用水を全ての区画にまで行き渡らせ、栽培、水管理、病害虫駆除を行うためには、農家同士の協調と協力が不可欠である。この農家間の相互依存関係が、集落を生み出し、人と人との強い結びつきや相互信頼関係等の強固なソーシャルキャピタル（社会関係資本）を作り上げることとなった。そして、このソーシャルキャピタルは、農家と非農家による自主的な協力を通じてさらに強固なものとなっている。地方の集落は、それ自体が自立した組織としての機能を有しており、農業関連の共有財産を管理し、農業生産に関する調整を行い、地域の伝統儀式を主催し、自衛団や消防団を組織し、社会の安全を確保している（OECD, 2009）。

　2010年の世界農林業センサスによると、92.5%の農業集落は年に1回以上、半数以上の農業集落は年に7回以上、会合を開き、集落の行事や環境保全活動等について議論を行っている（**図1**）。

図1. 農村集落会合の開催回数と主題

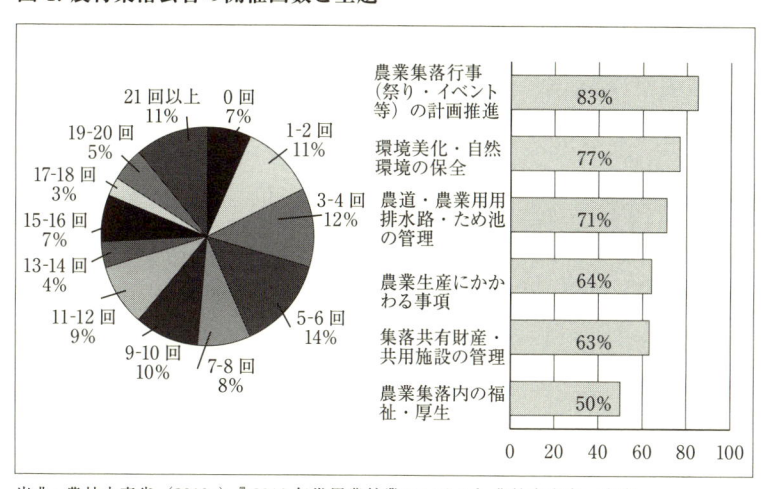

出典：農林水産省（2010a）『2010年世界農林業センサス』農林水産省、東京。

しかし、過去数十年、大きな変化の波が打ち寄せている。少子高齢化による人口減や都市への移住が進み、農業集落の減少が進んでいる。特に近年はこれらの動きが加速化し、1990年から2000年の間に約5,000の集落が、共有財産を管理することができなくなる等集落機能を喪失している。また、農業集落に占める非農家の割合が増加している（OECD, 2009）。

図2は、日本における農業環境公共財の供給システムを簡潔に図示したものである。農地と水路等の農業インフラに加えて、営農形態、農法や農薬等の農業投入財もまた環境に影響を与えることがわかる。このため、農業環境公共財を供給するためには、このような農業環境公共財に直接又は間接的に影響を与える要因についての分析が必要となる。農業環境政策は、主に農業

図2. 農業環境公共財の供給システム

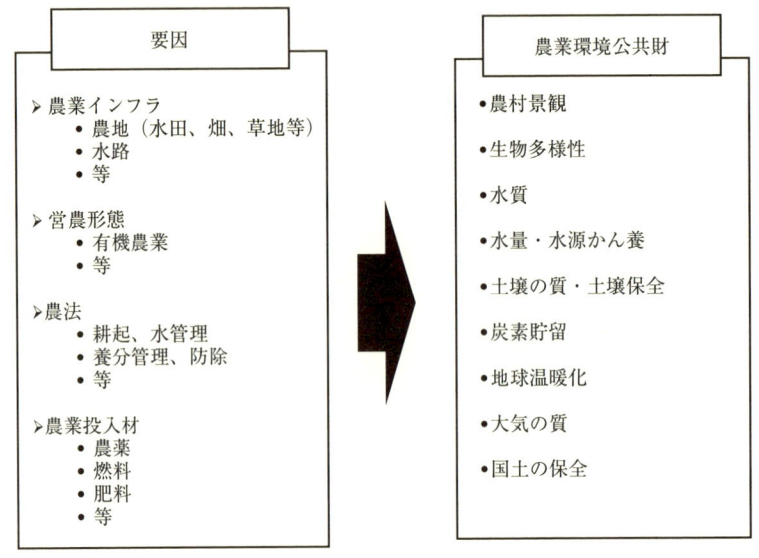

環境公共財に影響を与える要因（入口、投入財、手段）と農業環境公共財（出口、成果、目的）の2つを政策対象としている。インプト・ベースの政策は、農薬、肥料、燃料等の農業投入財の基準量や特性等を規制したり、農業機械の使用基準や肥料・農薬等の使用方法といった農業環境公共財に影響を与える特定の農法を規制している。一方、アウトプット・ベースの政策は、水質や土壌の質等の農地に由来する農業環境公共財に焦点を当てている（OECD, 2010b）。日本の農業環境政策は、一般に、農業環境公共財に影響を与える要因を対象とするインプット・ベースの政策を採用しており、アウトプット・ベースの政策を採用していない。

次に、農業環境政策の議論に入る前に、日本において農業環境公共財が過小供給又は過剰供給となっているのか、そして政策介入の必要性があるのかどうかについて考察することとする。

第4章

農業環境公共財と市場の失敗

　一般的に、農業環境公共財に関する市場は十分発展していないことから、農家がこれらの財を適切な量だけ生産することが難しいとされる（OECD, 1992, 1999, 2013b; Ribaudo et al., 2008）。このため、従来の議論では、政府の介入が必要ないような場合であったとしても、ほとんど常に政府の介入が必要だと仮定してきた。ただし、理論上はただ乗りの問題があることから農業環境公共財の適切な量の供給は困難であるものの、それにも関わらず、実際には農家が偶然、適切な量を供給するということもあり得る。また、介入によってもたらされる便益が政府の介入に伴う追加費用等を上回る必要がある。実際に市場の失敗が存在するという証拠がある場合のみ、政府の介入が必要となるのである。

　農業環境公共財に関する市場が存在しないことから、農業環境公共財の需要量と供給量を推計することは困難を伴う。実際には、農業環境公共財の量を直接推計するデータの代わりに、代理指標が用いられることが多い。本節では、この問題に対する日本における近年の取組を取り上げる。

4.1. 農業環境公共財の需要

代理指標

　農業環境公共財の需要を推計する1つの方法は、代表的な指標やアンケートといった代理指標を用いる方法である。例えば、2008年に日本政府は農業

表2．農業・農村の維持活動に対する意識

総回答者数	積極的にそのような地域（集落）に行って、農作業や環境保全活動・お祭りなどの伝統文化の維持活動に協力したい	機会があればそのような地域（集落）に行って、農作業や環境保全活動・お祭りなどの伝統文化の維持活動に協力してみたい	地域のことは地域で行うべきであり、農作業や環境保全活動・お祭りなどの伝統文化の維持活動に協力したいとは思わない	その他	わからない
3,144	19%	60.8%	12.9%	2.3%	6%

出典：内閣府（2008）『食料・農業・農村の役割に関する世論調査』内閣府、世論調査報告書平成20年9月調査、2008、東京。
http://www8.cao.go.jp/survey/h20/h20-shokuryou/.

と環境に関する世論の動向を把握するための世論調査を行っている。この世論調査によると、農村の持つ役割に関して、回答者の48.9％は「多くの生物が生息できる環境の保全や良好な景観を形成する役割」を、29.6％は「水資源を貯え、土砂崩れや洪水等の災害を防止する役割」を、18.2％は「伝統文化を保存する場としての役割」を、8.3％は「保健休養等のレクリエーションの場としての役割」を、農村が有していると回答している（内閣府, 2008）。

この世論調査によると、回答者の85％は、農業・農村に関する政策は、経済性・効率性の観点だけでなく、国土・環境保全等の機能を重視すべきであると回答しており、これは、1996年の調査時の回答値（56.2％）よりも高いものとなっている（内閣府, 2008）。また、この世論調査は、農作業や環境保全活動等の農村集落活動に対する意識調査も行っており、回答者の19％は積極的に協力したいと答えており、60.8％は機会があれば参加したいとしている（表2）。これらの数値は日本での農業環境公共財の需要が一般的に多いことを示唆している。しかし、これらの数値だけでは、公的介入が必要であることを正当化するのに十分ではない。

図 3. エコファーマーの数

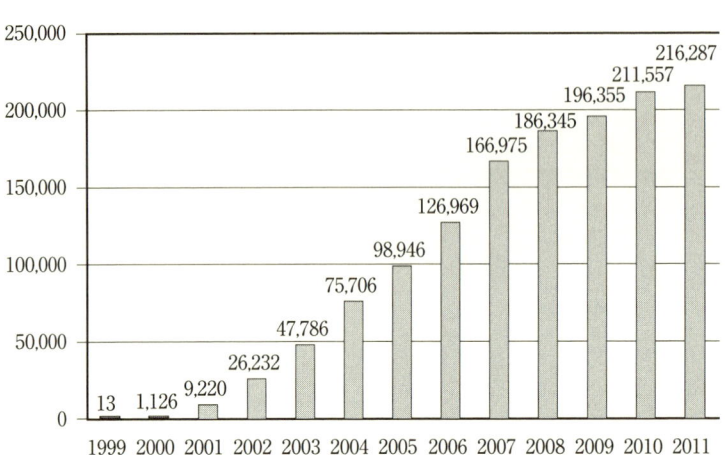

出典:農林水産省(2012a)『エコファーマーの認定状況について』農林水産省、東京。
http://www.maff.go.jp/j/seisan/kankyo/hozen_type/h_eco/.

　また、どの代理指標を使用すべきかという点について、まだ日本では議論中であり、統一的な見解が存在するわけではない。ただし、代理指標の中には、既に農業環境政策の関連で用いられているものもある。例えば、「エコファーマー」[2]の数は、「生物多様性国家戦略2012-2020」において、生物多様性の指標の1つとして用いられている(環境省, 2012a)。図3のとおり、エコファーマーの数は増加傾向にあり、これは、消費者による環境にやさしい農業や生物多様性に対する需要が増加していることを反映している可能性もある。

---

2 「エコファーマ」とは環境に優しい農法を取り入れている農家として認定を受けた農家である。エコファーマーは、「持続性の高い農業生産方式の導入の促進に関する法律」に基づいて、たい肥の施用に関する技術や化学肥料の施用を減少させる技術を導入しなければならない。

経済価値評価

もう1つの農業環境公共財の需要を推計する方法は、社会全体の選好を明らかにするために経済価値評価を行うことである。一般的に顕示選好法や表明選好法を用いて、公共財の需要曲線を導出することができることが知られている。実際、いくつかの研究は、日本における農業環境公共財の支払意思額（Willingness-to-pay: WTP）を調べている。例えば、吉田他（1997）は、仮想評価法（Contingent Valuation Method: CVM）を用いて、生物多様性や農村景観等の全国の農林地の公益的機能に対する支払意思額を推計している。彼らの推計によると、支払意思額は、1世帯当たり約100,000円、総便益評価額は全国で約4兆円であった。また、吉田（1999）は、中山間地域の農業・農村の公益的機能に対する支払意思額を調査し、1世帯当たり70,000円、社会全体の総便益評価額は約3.2兆円であるという推計額を出している。このような全国レベルの推計に加えて、地方公共団体も各県レベルでの農業環境公共財に対する支払意思額を推計している。例えば、沖縄県が、沖縄における農業環境公共財に対する沖縄県民1世帯当たりの支払意思額を推計したところ、支払意思額は56,000円であった（沖縄県, 1998）。しかし、これらの額は、評価手法、質問、調査手続き等によって変わることが知られており（Diamond and Hausman, 1994; Cooper et al., 2009）、その数字の解釈に当たっては、注意が必要である。

日本における農業環境公共財の需要についての議論は、便益についての推計が中心となっているが、農業に由来する環境被害についての議論も必要である。ただし、農業に由来する環境被害についての経済価値評価の議論は日本では十分進んでいるとは言えない（OECD, 2009）。さらに、農業環境公共財の需要の推計が難しいことから、多くの数字は公共財全般に関するものとなっており、本書により明らかとなった9つの農業環境公共財についても、

それぞれについての需要がどの程度であるのかについてはよくわからない。その結果、日本において、政策立案の際に経済価値評価を用いている事例はごく限られている（ボックス4は、地方自治体による近年の取組事例を紹介している）。

> **ボックス4. 農業環境政策の立案の際における貨幣評価の適用例：滋賀県の環境支払い**
>
> 日本には47の都道府県があるが、滋賀県はその1つであり、同県には日本最大の湖である琵琶湖がある。滋賀県は、長年にわたって、琵琶湖への化学物質の流出量を減らすための取組を行っており、最初は下水処理施設や工場等の点源汚染からの排出について、様々な環境規制を導入することにより対処してきた。その結果、これらの点源汚染由来の排出量が総排出量に占める割合は徐々に減ってきた。このため、次に、非点源汚染、特に農業に由来する排出についての対策が求められることとなり（OECD, 2013b）、この目的を果たすため、滋賀県は、化学肥料の5割低減に取り組む農家に対する農業環境支払いを導入した（吉田, 2006）。
>
> この農業環境支払の導入に先立ち、2003年に滋賀県民の支払意思額についての調査が行われた。この調査では、総支払意思額が政策関連費用を上回るかどうかについてコンジョイント分析を用いた分析が行われたところ、化学肥料低減に関する県民の総支払意思額は3億8千万円であり、これは、政策関連費用（2億～3億円）を上回るものであった。このため、この政策は費用よりもより多くの便益をもたらすと評価され、2004年の農業環境支払い制度の導入へとつながった（吉田, 2006）。

4.2. 農業環境公共財の供給

　農業環境公共財の供給規模を推計することも、適当なデータがないことから、困難なものとなっている。表3は、全国規模での農業環境公共財の推移をまとめている。気候変動（地球温暖化）と大気の質を除いて、全般的に、多くの指標が農業環境公共財の供給量が減少していること、又は改善していないことを示している。ただし、これらの数字の解釈に当たっては、ほとんどの農業環境公共財が地方公共財（農村景観、国土の保全等）であり、地域ごとの違いを考慮しなければならないことから、注意が必要である。例えば、水田は一般的に生物多様性の保全に貢献することができるが、肥料や農薬の過剰使用の結果、環境に対してマイナスの影響をもたらすこともありうる。このような場合、地域によっては、農業は生物多様性等の便益ではなく、むしろ、環境被害をもたらしていることとなる。

　このような全国規模の指標の限界に注意しつつ、農業環境公共財の供給に関するそれぞれの指標について、以下では分析することとする。農地面積の減少は、様々な農業の生態系サービスの供給能力の減少にもつながる。中でも、農村景観と国土保全機能に対して大きな影響をもたらす（表3）。総農地面積と水田面積は1990-92と2010-12の間にそれぞれ12％減少し、耕作放棄面積は1990と2010で1.8倍に増加している（図4）。その結果、伝統的な里山等の**農村景観**は損失の危機に直面している。集約農業や農業の近代化といった点も農村景観に対して負の影響をもたらしている（Takeuchi, 2001; 文化庁, 2003）。農地面積（特に水田）の減少と水路等の老朽化は、洪水・雪害・火災防止機能といった**国土保全機能**の供給能力の低下をもたらしている。耕作放棄地の増加は、土砂崩れ等の増加にもつながる。耕地に比べて耕作放棄地では、土砂崩れが起こる確立が3倍から4倍高くなるという推計結果もあ

表3. 農業環境公共財の傾向[1]

	推移		関連指標	出典
農村景観	↘	・農地面積	・-12%（1990/92-2010/12）	・農林水産省（2012b）
		・耕作放棄地	・1.8倍（217,000ha（1990）-396,000ha（2010））	・農林水産省（2011a）
生物多様性	↘	・農地転用面積	・過去10年間で39,290ha（2003-2012）	・農林水産省（2012b）
		・レッドリスト（絶滅のおそれのある野生生物の種のリスト）に掲載された淡水魚の割合	・36%（2007）-42%（2013）	・環境省（2013）
水質	+/-	・総窒素バランス（1ヘクタールあたり）	・-7%（1990/92-1999/2001）、+8%（1999/2001-2007/09）	・OECD（2013a）
		・総りんバランス（1ヘクタールあたり）	・-18%（1990/92-1999/2001）、-8%（1999/2001-2007/09）	・OECD（2013a）
		・総農薬販売高	・-16%（19990-2000）、-21%（2000-2009）	・OECD（2013a）
水量・水源かん養	+/-	・水源かん養量（水田）	・-22%（1990/92-2009/11）	・OECD事務局
		・農業用水使用量	・-7%（1990-2008）	・OECD（2013a）
土壌の質・土壌保全	+/-	・総窒素バランス（1ヘクタールあたり）	・-7%（1990/92-1999/2001）、+8%（1999/2001-2007/09）	・OECD（2013a）
		・総りんバランス（1ヘクタールあたり）	・-18%（1990/92-1999/2001）、-8%（1999/2001-2007/09）	・OECD（2013a）
		・農用地土壌汚染対策が必要な面積（カドミウム、銅、砒素）	・2,690ha（1990）、1,348ha（2000）、851ha（2010）	・環境省（2012b）
炭素貯留	?	-	-	-
地球温暖化	↗	・農業由来の地球温暖化ガス排出量	・-18%（1990-2010）	・OECD（2013a）
		・農業由来のメタン排出量	・-19%（1990-2010）	・OECD（2013a）
		・水田由来のメタン排出量	・-22%（1990-2010）	・OECD（2013a）
		・農業由来の一酸化窒素	・-17%（1990-2010）	・OECD（2013a）
		・農業の直接エネルギー消費量	・-24%（1990-2010）	・OECD（2013a）
大気の質	↘	・畜産関係の悪臭に対する苦情件数	・-18%（1885（1996）-1539（2011））	・環境省（2012c）
		・家畜排せつ物の管理基準適合農家の割合	・51%（2003）-99.98%（2011）	・農林水産省（2013a）
国土の保全（洪水、雪害、火災防止）	↘	・農地面積	・-12%（1990/92-2010/12）	・農林水産省（2012b）
		・耕作放棄地	・1.8倍（217,000ha（1990）-396,000ha（2010））	・農林水産省（2011a）
		・耐用年数が過ぎた水路	・4,300km（1987）-12,800km（2009）	・農林水産省（2012c）

注：↘（減少）。↗（増加）。+/-（増加・減少データが存在）。?（データなし）。

1）この表の解釈にあたっては、ほとんどの農業環境公共財が地方公共財（農村景観、国土の保全等）であり、地域ごとの違いを考慮しなければならないことから、注意する必要がある。

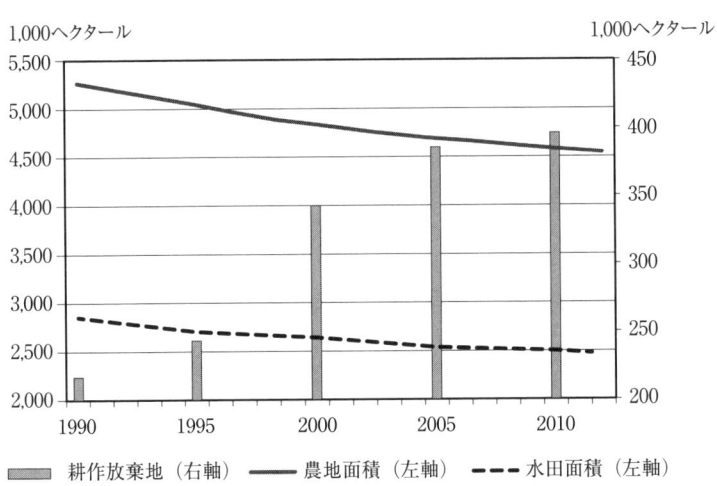

図 4. 日本の農地面積の推移

出典：耕作放棄地：農林水産省（2011a）『耕作放棄地の現状について』農林水産省、東京。
http://www.maff.go.jp/j/nousin/tikei/houkiti/pdf/genjou_1103r.pdf:
総農地面積と水田面積：農林水産省（2012b）『耕地及び作付面積統計』農林水産省、東京。

る（OECD, 2002; Yamamoto, 2003）。水田の三分の一以上で稲作が行われておらず、かつ、その多くが耕作放棄地化してしまっている現状を踏まえると、現在の状況は農業環境公共財の供給に対してマイナスの影響をもたらしている可能性がある（Jones and Kimura, 2013）。

生態系サービスと**生物多様性**の供給も困難に直面している。ある特定の農法や、農村景観、特に粗放的な水稲栽培や伝統的な里山景観は、動植物にとって重要な生息地を提供している（Fujioka and Yoshida, 2001; Sprague, 2001; Maeda, 2005）。従って、農地の転用は農地を住処としているような野生生物にとっての脅威となっている。しかし、これまで、農地は交通インフ

ラ、市街地、森林等に転用されており、耕作放棄地も増加している。

　農地の開拓と集約農業も生物多様性にマイナスの影響をもたらす(Fujioka and Yoshida, 2001; Maeda, 2001; Sprague, 2001)。湿地帯や干潟の開拓は、生息地の重大な損失や悪化を引き起こし、また、水源地帯における農業汚染も、水系生態に悪影響をもたらしている (OECD, 2002; BirdLife International, 2003)。近年の水路や池のコンクリート舗装、農地統合、畦畔の除去といった水田の近代化は、水田に生息していた魚類や鳥類の種の減少という結果を招いている。農村景観においてありふれていた淡水魚や植物の多くの種が、現在、国と県のレッドリスト（絶滅のおそれのある野生生物の種のリスト）に掲載されていることは、農村における生物多様性が危機に面していることを示唆している (OECD, 2010a)。

　水質改善も一部の地域では重要な課題である。湖沼や海岸の富栄養化の水質問題は大幅な改善が見られていない (OECD, 2002, 2008, 2009)。農地の余剰窒素・りんは1990年から2009年にかけて減少したものの、農地1ヘクタール当たりの絶対量は窒素・りんともにOECD諸国の中でも最も高いレベルにある (OECD, 2013a)。ほとんどの農業由来の栄養負荷は園芸と畜産部門に由来しており (OECD, 2008)、場合によっては、これらの栄養負荷は、赤潮や藻類の異常発生の原因となり、海洋生物の生態系に負の影響をもたらすことがある (Okaichi, 2004)。

　一方、農薬による水質汚染は、農薬販売が1990年から2009年に比べて34％減少したこともあり、緩和されている (OECD, 2013a)。この減少は、主に、農産物生産高の減少と、有機農業も含め、環境保全型農業を実施している農家の数が増えたことによる (OECD, 2008)。しかし、OECDの水準と比べると、限られた農地と労働力で農業生産活動を行う必要があること、及び日本は高湿度であることから、農薬使用量は依然として高いものとなっている (OECD, 2002, 2009, 2013a)。小規模兼業農家が多いことも、単位面積当たり

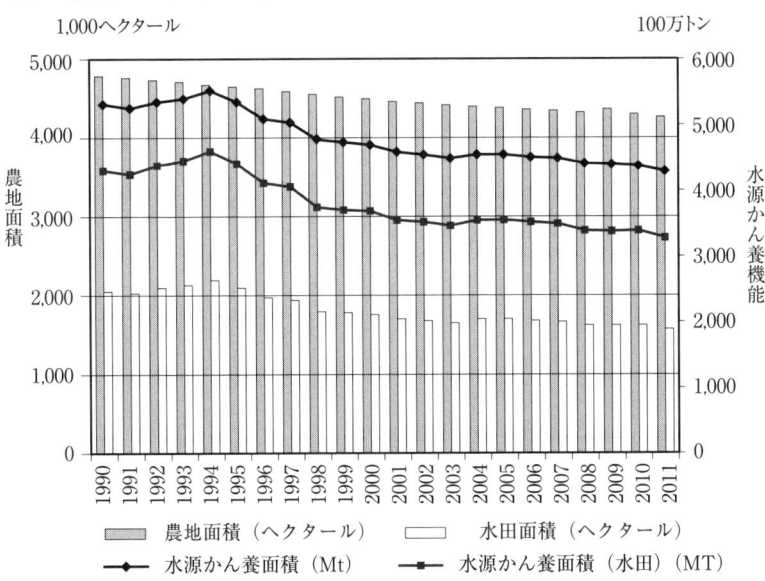

図 5. 農業の地下水かん養機能の容量

出典：OECD（2008）, *Environmental Performance of Agriculture in OECD Countries since 1990*, OECD Publishing, Paris, と FAOSTAT に基づき OECD 事務局が作成。

の農薬使用量が多いことと関係している。小規模兼業農家は、労働時間と農地を補うため、大規模農家と比べて、多くの農薬と肥料を使用している。2010年時点で、10ヘクタール以上の大規模農家の10アール当たりの肥料使用量は、0.5ヘクタール未満の小規模兼業農家と比べて35％少なく、農薬使用量は29％少ない（Jones and Kimura, 2013）。

水田の**水源かん養能力**も減少している。1990-92から2009-11にかけて、農業の地下水かん養機能が、水田面積の減少に伴い約22％減少しており（**図5**）、その結果、土壌浸食や洪水のリスクが高まっているおそれがある（OECD, 2002）。

土壌の質はいくつかの地域で改善している。カドミウム、銅、砒素が基準値を超え、農用地土壌汚染対策が必要となっている農地面積は継続的に減少している。しかし、一部の農地では、余剰栄養による土壌の質の悪化リスクが依然として存在する（OECD, 2013a）。

　農業由来の**地球温暖化ガス**の排出量は減少している。農業由来の地球温暖化ガスの排出量は1990年から2010年の間に18％減少し、総排出量（2008-10）に占める農業の割合は2％となっている（OECD, 2013a）。農業由来の地球温暖化ガスの排出量の減少の多くは、米の生産量、肥料の使用量及び畜産の肥育数が減少したことに伴い、メタンと一酸化二窒素の排出量が減少したことによる。メタンの排出量は、1990年と2010年の間に19％減少し、同期間に水田由来のメタンの排出量も22％減少している。また、一酸化二窒素の排出量は1990年と2010年の間に17％減少している（OECD, 2013a）。

　農業に関連する**大気の質**は改善している。1970年代と比べ、畜産関係の悪臭に対する苦情件数は大幅に減少している（Segawa, 2004; OECD, 2008; 環境省, 2012c）。また、2011年までに、ほぼ100％の畜産農家が家畜排せつ物処理基準を達成している（農林水産省, 2011b）。

　本節では農業環境公共財の供給に関する各種統計を分析してきたが、多くの場合、関連統計が十分整備されているとは言えない（OECD, 2008）。例えば、河川、湖、海岸、地下水の水質は、農村地域に関連するものも含め、30年以上モニタリングされているが、農業と非農業の統計が合計されており、農業由来の水質汚染がどの程度であるのかは正確にはわからない（OECD, 2008）。さらに、合計された統計では、それぞれの地域の詳細な状況がわからない。例えば、ある水田では、適切な農業管理が行われ、その結果、水源かん養機能や生物多様性等の農業環境公共財が供給されているかもしれないが、別の水田では不適切な肥料や農薬の使用が行われ、環境に対して負荷がもたらされていることもありうる。農業関係の統計を整備し、費用対効果の

高いモニタリングを行うことは、日本の農政にとって重要な課題の1つである。

4.3. 農業環境公共財と市場の失敗に影響を与える要因

以上のように、日本においては、全体的に、多くの農業環境公共財の需要が増加している一方、その供給は減少している。このような状況は、いくつかの農業環境公共財について過小供給が生じている可能性があることを示唆している。ただし、過小又は過剰供給が生じているかどうかについては、農業環境公共財ごとに吟味する必要がある。例えば、ほとんどの農村景観は一般的に地方公共財であることから、その需要と供給については、地域レベルで吟味する必要がある。他方、世界農業遺産に登録された「能登の里山里海」のように特に重要な農村景観については、より広域なレベルでの評価が必要となる。

農業生産の縮小、高齢化、耕作放棄地の増加等様々な要因が農業環境公共財の供給システムに影響を与える（第3章）。例えば、農村人口の高齢化はコミュニティ資源の管理を困難なものとし、その結果、水量・水源かん養、洪水防止機能等の農業環境公共財の供給が影響を受けることとなる。また、耕作放棄地は農村景観を損なうだけでなく、場合によっては、廃棄物の不法投棄場所として使われてしまうような場合もある。さらに、日本の土地不足と高い人口密度のため、毎年、多くの農地が住宅、ショッピングセンター、工場等の非農用地に転用されている（OECD, 2009）。都市化や化学肥料と農薬の使用による集約農業化は、生物多様性の喪失や水質、土壌の質の悪化を招くことがある。

このように様々な要因が農業環境公共財と市場の失敗に影響を与えるが、農業環境公共財の適切な供給を達成するための最大の課題は、公共財の市場

がない中で、農家に対してこれらの財を供給する誘因（インセンティブ）をいかにして与えるかということである。仮に農業環境公共財に係る私的便益が十分存在するような場合は、公的な支援がなくても、農家がこれらの財を供給することができるかもしれない。農業環境公共財の供給を確保するためになんらかの公的介入が必要となるような場合、日本政府は様々な農業環境政策を実施している。農業環境公共財の供給に影響を与える多くの要因が投入財や農法等の「手段」であることから、日本において実施されている農業環境政策は一般的に「目的（すなわち、農業環境公共財そのもの）」ではなく、「手段」を政策対象としている。日本の農業環境政策については、第6章で議論する。その前に、農業環境公共財の供給費用をどの程度農家が負担し、どの程度社会全体で負担すべきかを吟味するため、次章において、リファレンス・レベルと農業環境目標について議論する。

第5章

リファレンス・レベルと農業環境目標

　農業環境公共財の需給状況を分析の上、市場の失敗がある場合は、政府による介入が必要となる可能性がある。しかし、どの程度、政府が介入すべきかという点については疑問が残る。この点について検討するのにあたって、リファレンス・レベルのフレームワークが有効となる（OECD, 2001）。

　「環境リファレンス・レベル」は、「農家が自ら費用を負担して満たさなければならない最低限の環境レベル」と定義される。一方、「環境目標」は、「当該国の農業分野が満たさなければならない最低限の要求水準又は最低限のレベルを超える社会的に望ましい環境レベル」と定義される（OECD, 2001）。農林水産省は、このリファレンス・レベルと農業環境政策との関係を次の**図6**のとおり整理している。

　しかし、**図6**は農家がどの程度それぞれの農業環境公共財の供給費用を負担すべきかという点については明示していない。日本において、この点に関する議論は未だ成熟しておらず、この分野における研究もほとんど存在しない。このため、本書では、より深くリファレンス・レベルについて理解し、議論するため、日本で政策対象となっている9つの農業環境公共財に関するリファレンス・レベルと環境目標について取りまとめる試みを行った。**表4**はその概要を示している（**付録表1**ではより詳細にリファレンス・レベルと環境目標について整理している）。

　水質と土壌の質・土壌保全については、両者とも、環境目標とリファレンス・レベルが設定されている。これらの公共財については、様々な産業由来

図 6. 日本におけるリファレンス・レベルと農業環境目標

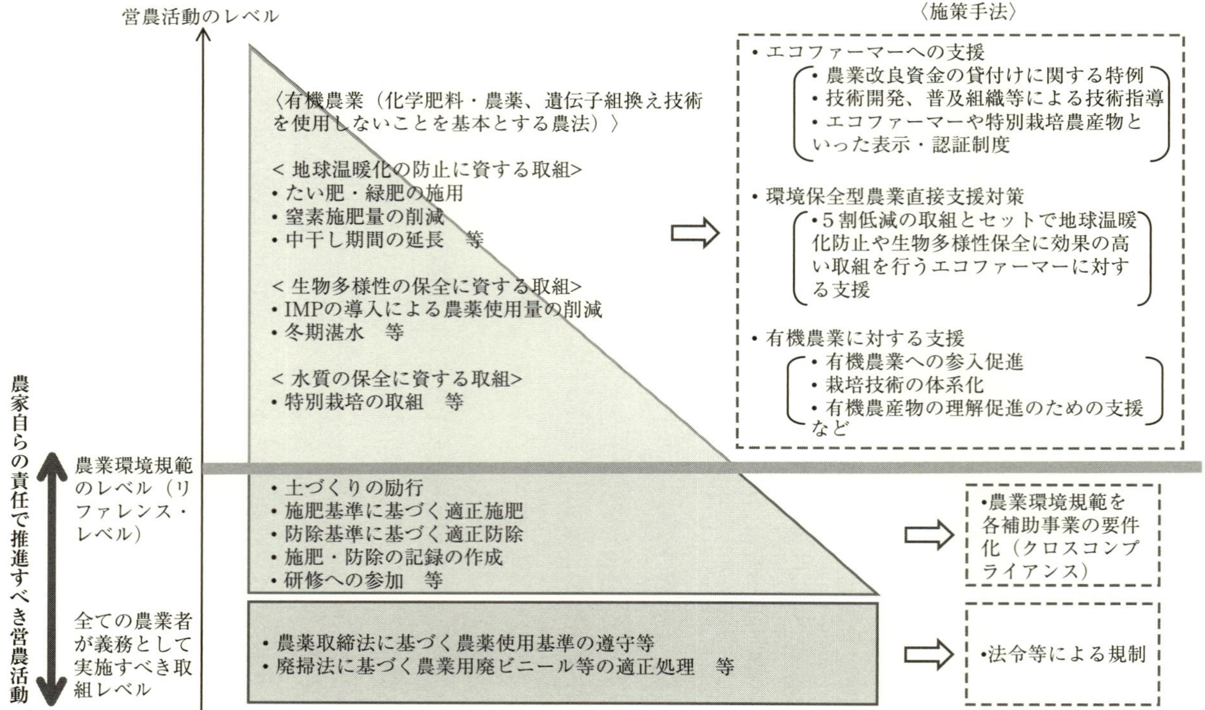

〈施策手法〉

エコファーマーへの支援
- 農業改良資金の貸付けに関する特例
- 技術開発、普及組織等による技術指導
- エコファーマーや特別栽培農産物といった表示・認証制度

環境保全型農業直接支援対策
- 5割低減の取組とセットで地球温暖化防止や生物多様性保全に効果の高い取組を行うエコファーマー（中山間地域の高齢化対策）に対する支援

有機農業に対する支援
- 有機栽培技術の体系化
- 栽培技術の理解促進のための支援 など

農業環境規範の要件化（クロスコンプライアンス）

法令による規制

〈有機農業（化学肥料・農薬、遺伝子組換え技術を使用しないことを基本とする農法）〉

〈地球温暖化防止に資する取組〉
- たい肥、緑肥の施用
- 窒素施肥量の削減
- 中干し期間の延長 等

〈生物多様性の保全に資する取組〉
- IPMの導入による農薬使用量の削減
- 冬期湛水 等

〈水質の保全に資する取組〉
- 特別栽培の取組 等

- 土づくりの励行
- 施肥基準に基づく適正施肥
- 防除基準に基づく適正防除
- 施肥・防除の記録の作成
- 研修への参加 等

- 農薬取締法に基づく農薬使用基準の遵守等
- 廃棄物処理法に基づく農薬用廃ビニール等の適正処理 等

農家自らの責任で推進すべき営農活動

農業環境規範のレベル（リファレンス・レベル）

全ての農業者が義務として実施すべき取組レベル

←営農活動のレベル→

出典：農林水産省（2012d）『環境保全型農業を推進するための政策』平成24年6月25日 第3回環境保全型農業直接支援対策に係る事業効果の検証検討会、農林水産省、東京。
http://www.maff.go.jp/j/seisan/kankyo/kentoukai/pdf/shiryou1_no3.pdf.

表4. リファレンス・レベルと農業環境目標の概要

	農業環境公共財					
	農村景観	生物多様性	水質	水量・水源かん養	土壌の質・土壌保全	炭素貯留
環境目標	景観法に基づく目標（地域レベルの目標）	生物多様性国家戦略2012-2020（国レベルの目標）	「環境基準」（国レベルの目標）	-	地力増進法に基づく地力増進基本方針（国レベルの目標）	-
リファレンス・レベル	景観法に基づく基準（地域レベルの基準）	現在の農法に基づく環境レベルが事実上のリファレンス・レベルとなっている	水質汚濁防止法（国レベルの基準）	河川法（国レベルの基準）	「環境基準」と農用地の土壌の汚染防止等に関する法律（国レベルの基準）	現在の農法に基づく環境レベルが事実上のリファレンス・レベルとなっている

	農業環境公共財				
	地球温暖化	大気の質	国土保全		
			洪水防止	雪害防止	火災防止
環境目標	2020年までに2005年と比べて3.8%削減（国レベルの目標）	「環境基準」（国レベルの目標）	社会資本整備重点計画（国レベルの目標）	地域レベルの目標	地域レベルの目標
リファレンス・レベル	現在の農法に基づく環境レベルが事実上のリファレンス・レベルとなっている	悪臭防止法に基づく基準（地域レベルの基準）	現在の農法に基づく環境レベルが事実上のリファレンス・レベルとなっている	現在の農法に基づく環境レベルが事実上のリファレンス・レベルとなっている	現在の農法に基づく環境レベルが事実上のリファレンス・レベルとなっている

の環境汚染が問題になった1960-70年代にリファレンス・レベルが設定された。農業だけでなく、その他の産業もこれらの基準を満たす必要がある。一般的に、これらの最低限の基準は、科学的基準に基づいて法律で規定されている。

　本書では、生物多様性、気候変動（炭素貯留、地球温暖化）、国土の保全等の農業環境公共財について明示的なリファレンス・レベルを見つけることができなかった。これはリファレンス・レベルが存在しないということを意味するのではなく、現在の農法に基づく環境レベルがリファレンス・レベルとなっていることを意味している。この場合、農家は既に彼らが遵守しなければならない環境レベルを満たしていることから、環境目標を達成するために農家に対してさらに農業環境レベルを改善することを要求する際には、環境支払いを導入する必要があるかもしれない（OECD, 2010b）。

　また、クロス・コンプライアンスが規制レベルを超えてリファレンス・レベルを設定している場合もある。この場合、農家は「農業所得支払い」を受給するためには、規制レベルを超えて環境を改善するための費用を負担しなければならない。しかし、我が国でのクロス・コンプライアンスの運用は必ずしも十分なものとは言えず、ほとんどの場合、農家は「農業所得支払い」を受給するためにクロス・コンプライアンスを満たさなければならないのではなく、「農業環境支払い」を受給するためにクロス・コンプライアンスを満たさなければならないこととされている。OECD（2010c）は「農業環境支払い」の「受給要件」と、「農業所得支払い」の受給のための「クロス・コンプライアンス」を区別している。「クロス」とは「農業所得支払い」と「環境要件」を「クロス」させる、すなわち、結びつけることを意味している。しかし、日本では、この「クロス」が必ずしも存在しておらず、日本のクロス・コンプライアンスの環境要件は「農業環境支払い」と関連づけられているのが実態である。

　農家が環境汚染をもたらす場合は、汚染者負担原則（Polluter-Pays-

Principal: PPP）が適用され、リファレンス・レベルを達成するための費用を自ら負担しなければならない。他方、農家が農村景観、生物多様性等の便益を供給する際には、現在の農法に基づく環境レベルが事実上のリファレンス・レベルとなっていることが多く、環境保全型農業直接支援対策等の環境支払いが環境目標を達成するために用いられている。

日本のリファレンス・レベルは必ずしも規制レベルとは同じレベルではない。しばしば、規制レベルがリファレンス・レベルを超えて設定され、政府が規制レベルを満たすために農家に対して支払いをすることがある（図7、事例B）。例えば、日本では、水質汚染や悪臭を防止し、畜産関係の環境問

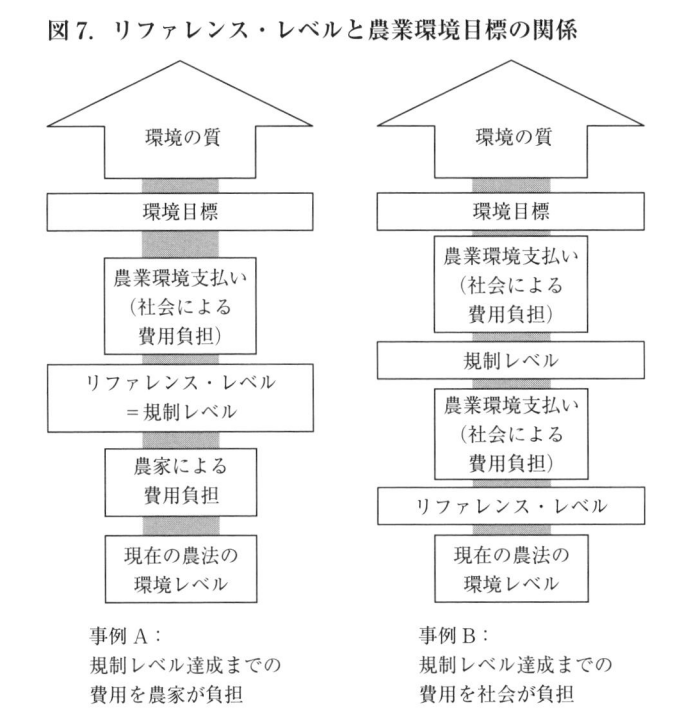

図7．リファレンス・レベルと農業環境目標の関係

事例A：
規制レベル達成までの
費用を農家が負担

事例B：
規制レベル達成までの
費用を社会が負担

題を改善するために、日本では1999年から農家に対して、家畜排せつ物を適切に管理することを義務付けるとともに、当該管理を行うために必要な施設を導入する畜産農家に対して金融上の支援措置等を講じている。

リファレンス・レベルは、歴史的・文化的背景（例えば、農業用水の取決めは、ときには「水争い」を繰り返しながら、慣習として成立）、汚染のレベル（水質、土壌汚染等）等に基づいて決定される。環境規制や環境支払いに加えて、技術支援、普及事業により、農家がリファレンス・レベルを達成するための支援を行うこともある。

環境目標については、炭素貯留等一部の農業環境公共財に関して適切なデータや知見がないことから、明確な目標が設定されていない。また、大気の質や洪水防止等の農業環境公共財については、全産業横断的な環境目標はあるものの、農業分野での目標が存在しない。環境目標は環境改善を目指すことが理想だが、ほとんどの農業環境関係の状況が悪化していることから、里山景観の保全等現状維持を図ることも環境目標となりうる。

環境目標も歴史的・文化的背景や国際協定を基に決定されるが、リファレンス・レベルと比べてより政治的な関心・意向が目標設定時に直接的に反映される傾向にある。

環境目標やリファレンス・レベルの設定にあたっては、専門家から構成される審査会が開かれることが多い。目標案の公表、パブリックコメントを経て、環境目標やリファレンス・レベルが設定される。特に、農家が遵守しなければならない基準が設定される場合には、専門家による議論が科学的知見に基づいて行われる。全体的な枠組みは法律で規定されることが多いが、個別具体的な目標は告示・通知等によって規定されることが多い。

理想を言えば、環境目標はアウトプット・ベース又は供給される農業環境公共財の状況に直接関係するものとすべきである。しかし、多くの場合、代理指標が用いられている（例えば、生物多様性の指標として、エコファーマ

ーの目標数が使用されている)。定量的な指標がなく、代わりに農村景観の維持等の定性的な目標設定がなされる場合もある。このような場合、政策評価が難しいものとなる。また、生物多様性の保全等の全体的な環境目標が設定されていても、個々の政策（例えば環境保全型農業直接支援対策等の環境支払い）がどの程度当該目標の達成に対処し、他の政策がどの程度対処しようとしているのかが不明確なことが多い。農業環境目標とリファレンス・レベルはより良い農業環境政策を立案し、農家と社会のより良い費用分担関係を構築するためにも必要である。

　環境目標とリファレンス・レベルが設定されたら、農業環境公共財を供給するための政策立案について検討する必要がある可能性がある。次章では、現在の日本の農業環境公共財に関連する農業環境政策について分析する。

第6章

農業環境公共財のための農業環境政策

　日本政府は農業関係の環境サービスを供給するために環境にやさしい農業の推進に取り組んでいる。環境規制、環境支払い、技術支援は伝統的に重要な農業環境政策であるが(OECD, 2010d)、近年、コミュニティ活動や共同行動を支援する政策も導入されている(OECD, 2013b)。表5は日本の農業環境政策の相対的な重要性を示している。環境税、休耕及び成果に対する環

表5．農業環境政策の概観

政策	重要性
規制的手法	
環境規制	XX
環境税/課金	NA
環境クロス・コンプライアンス	X
経済的手法	
農法に対する環境支払い	XXX
休耕に対する環境支払い	NA
固定資産に対する環境支払い	XX
成果に対する環境支払い	NA
取引可能な許可証	NA
共同行動対策	XX
技術的手法	
技術支援	XX

出典：OECD (2010d), "Policy Measures Addressing Agrienvironmental Issues", *OECD Food, Agriculture and Fisheries Papers*, No.24, OECD Publishing, Paris.に基づきOECD事務局作成。
注：NAは実施されていない又はごくわずか。Xは重要性が低い。XXは重要性が中程度。XXXは重要性が高い。

境支払い並びに取引可能な許可証は実施されていないか、又は試行段階にあることがわかる。本章では、1）規制的手法、2）経済的手法、3）技術的手法についてそれぞれ取り上げた上で、最後にどのようにこれらの政策が農業環境公共財を対象としているのかを分析する。

6.1. 規制的手法

規制的手法としては、環境規制、環境税・課金、環境クロス・コンプライアンスの3つが存在する。これらのうち、日本では、農業に対する環境税・課金は用いられていない。環境規制は水質、水量・水源かん養、土壌の質・土壌保全、大気の質といった農業環境公共財、特に畜産環境対策に用いられている。また、環境クロス・コンプライアンスは、生物多様性と炭素貯留に主に用いられている。規制的手法の多くは複数の環境公共財を対象とするのではなく、特定の農業環境公共財を対象としている。

様々な農法と関連作業に関する規制が日本には存在する。水質汚濁防止法は一定規模以上の畜産農家からの排水について規制を設けており、また悪臭防止法も畜産業からの悪臭を規制している。農用地の土壌の汚染防止等に関する法律（農用地土壌汚染防止法）は人の健康を損なうおそれがある農畜産物が生産され、又は農作物等の生育が阻害されることを防止するため、農用地の土壌における有害物質（カドミウム、銅、砒素）について規制をしている。河川法は、水界生態系の保全を目的に下流の水量を維持するため、河川からの取水を規制している（Yamaoka, 2006）。これらの規制はある特定の農業環境公共財や環境水準を規制している。

また、家畜排せつ物の管理の適正化及び利用の促進に関する法律（家畜排せつ物法）が1999年に制定され、家畜排せつ物による水質汚染、悪臭を防止するとともに、たい肥化等の処理を施し、土壌改良材や肥料としての活用を

図ることを目的に、家畜排せつ物の管理について規制をしている。国と地方公共団体は、家畜排せつ物をたい肥化する施設に対する金融上の支援措置を講じるとともに、一定規模（牛10頭、豚100頭、鶏2,000羽）以上の畜産農家が遵守すべき管理基準を定めている。その結果、野積み・素堀りされた家畜排せつ物は、1999年の年900万トンから2004年には年100万トンにまで減少した。そして、約90％の家畜排せつ物（8,000万トン）がたい肥化・液肥化され、約8％（700万トン）は浄化・炭化・焼却される等、環境への負荷が低減されている（OECD, 2009）。

　環境クロス・コンプライアンスも日本で用いられている。環境クロス・コンプライアンスは農家が「農業所得支払い」を受給するために満たさなければならない特別な環境に関する基準又は条件をいう（OECD, 2010c）。2005年に、日本版環境クロス・コンプライアンスである「環境と調和のとれた農業生産活動規範（農業環境規範）」が導入され、同規範は環境との調和を図るために農家が取り組むべき基本的な事項を整理している。この環境クロス・コンプライアンスは、例えば環境保全型農業直接支援対策を申請する際の要件となっている。しかし、OECD（2010c）の定義によると、環境クロス・コンプライアンスは農家が「農業所得支払い」を受給するために満たさなければならないものであって、環境保全型農業直接支援対策といった「農業環境支払い」を受給するためのものではないことに留意する必要がある。

6.2. 経済的手法

　経済的手法には環境支払い、取引可能な許可証、共同行動対策が含まれる。環境支払いは、さらに農法に対する環境支払い、休耕に対する環境支払い、固定資産に対する環境支払い、成果に対する環境支払いに分類することができる（OECD, 2010d）。日本では、主に農法に対する環境支払い、固定資産

に対する環境支払い、共同行動対策が用いられている。これらの経済的手法は様々な農業環境公共財を対象としており、規制的手法と異なり、1つの経済的手法が複数の農業環境公共財を対象としている。

　農法に対する環境支払いとしては主に2つの対策がある。中山間地域等直接支払制度と環境保全型農業直接支援対策である。中山間地域等直接支払制度は2000年に導入され、中山間地域における農業振興と耕作放棄地対策を講じることを通じて、様々な農業環境公共財の供給を支援している。これらの地域での農業生産活動を維持することは、農村景観と生物多様性の保全、水源の保全、国土保全等に重要であると考えられている。中山間地域等直接支払制度はこれらの条件不利地域において農業活動を継続するためのインセンティブを提供している。

　環境保全型農業直接支援対策は2011年に導入され、生物多様性の保全や地球温暖化防止に効果の高い営農活動を促進することを目的としている。環境保全型農業直接支援対策は環境保全効果の高いカバークロップ[3]、リビングマルチ[4]、冬期湛水管理[5]等の取組を支援し、生物多様性と炭素貯留による地球温暖化防止に貢献している。当該制度の適用を受けるためには、エコファーマーの認定を受け、化学肥料、化学合成農薬を都道府県の慣行レベルから

3　カバークロップとは、主作物の栽培期間の前後のいずれかに緑肥等を作付けする取組で、農地の炭素貯留を促進し、窒素の余剰量を削減する効果がある。

4　リビングマルチとは、土壌侵食の防止、農地の炭素貯留の促進、窒素の余剰量の削減を目的として、主として栽培する作物とは別の作物の播種を行い、主作物の生育期間中も生育を続けさせて地表を植物で覆わせるのに使われる、被覆植物のことである。

5　冬期湛水管理は、冬の間も水田に水をはることにより、水田が昆虫や野鳥等の野生生物の生息地としての機能を果たすことができるようになる。また、冬期湛水管理は、水田の脱窒作用による水質浄化にもつながる。

原則5割以上低減する取組を行うことが必要である。

　農法に対する環境支払いに加えて、固定資産に対する環境支払いも用いられている。持続性の高い農業生産方式の導入の促進に関する法律（持続農業法）は1999年に制定された法律である。土づくりと化学肥料・農薬の使用低減（水質改善等）を図ることを目的に、同法によってエコファーマー制度が導入され、持続性の高い農業生産方式を導入するエコファーマーに対する農業改良資金（無利子資金）の貸付けが行われている。

　家畜排せつ物法もまた、家畜排せつ物の規制だけでなく、固定資産に対する環境支払い制度を有している。国と地方公共団体は、農家が家畜排せつ物処理基準を満たすことを支援するために、家畜排せつ物処理施設に対する補助事業をはじめ各種の支援措置を講じている。家畜排せつ物法は、悪臭や水質汚染等の環境問題に対処するとともに、家畜排せつ物の堆肥化等を通じて、土壌改良を図ることを目的としている。

　また、共同行動を促進し、水路等の資源の適切な管理を図ることによって関連する様々な農業環境公共財を供給するため、2007年に農地・水保全管理支払交付金（旧農地・水・環境保全向上対策）が導入された。水路等の資源は農村景観、生物多様性、水質、水量・水源かん養といった公共財を供給し、洪水、雪害、火災等の自然災害を防止する機能を有している。これらの様々なサービスの供給を確保するため、農地・水保全管理支払交付金は地方公共団体と水路等の維持管理に関する契約を締結した地域の活動組織に対して、交付金を交付している。2012年時点で、約19,000の地域の活動組織が農地・水保全管理支払交付金に関する活動を展開し、取組面積は146万ヘクタール、日本の農振農用地区域内の耕地面積の34％を占めている（農林水産省, 2013b）。2009年時点で、約110万の農家、24万の非農家、1万3千の組織が活動に参加している（農林水産省, 2010b）。

　さらに2014年度からは、従来の農地・水保全管理支払交付金を組み替え、

新たに多面的機能支払交付金を導入することとしている。従来の農地・水保全管理支払交付金では主に水田や水路等を対象としていたが、新たな多面的機能支払交付金では、水田に限らず畑や草地も含む農地の維持管理を目的としている。新たな多面的機能支払交付金は、農地の維持と関連する資源を農家と非農家が共同して管理することを通じて、農村景観、生物多様性、国土の保全等の幅広い農業環境公共財の供給を確保することを目的としている。

最後に、2008年に国内排出削減量認証制度である国内クレジット制度が開始している（2013年度以降J-クレジット制度へ移行）。2011年5月30日時点で、約900の申請があり、そのうち、204が農林水産分野関連の申請（全体の22%）となっている（農林水産省, 2011c）。農家は、例えばヒートポンプの導入によって二酸化炭素排出量を削減することによって獲得したクレジットをクレジット市場で企業に対して売ることができる。このスキームは気候変動対策として有効なものとなる可能性があるが、現段階ではまだ試行段階にある。

これらの国の政策に加えて、地方公共団体も生物多様性等の農業環境公共財を供給するための政策を導入している（例：兵庫県のコウノトリ野生復帰プロジェクト（ボックス5））。

**ボックス 5. 地方公共団体の政策の例: 兵庫県豊岡市の
コウノトリ野生復帰プロジェクト**

兵庫県豊岡市のコウノトリ野生復帰プロジェクトは、農地のほ場整備や農薬の使用により絶滅した野生のコウノトリを保護し、そして野生復帰を目指そうとするプロジェクトである。コウノトリの保護を図るため、豊岡市は1965年からコウノトリの人工飼育を始め、ロシアから導入したコウノトリを使い、1989年に人工繁殖に成功した。

豊岡市はまた、コウノトリと共生する水田自然の再生を図るための環

境支払いを導入した。農家は「コウノトリ育む農法」を導入し、冬期間も田んぼに水を張る冬期湛水を行う場合に、この環境支払いを受け取ることができる。冬にも田んぼに水を張ることにより、田んぼが湿地帯としての機能を果たすことができ、生物多様性の保全にも効果がある。農家はまた、環境に配慮した農法を取り入れて栽培された農産物等に認定ロゴマークを貼付することができる (CBD, 2010; Shobayashi et al., 2011)。

6.3. 技術的手法

技術的手法には、技術支援、普及事業、研究開発、表示制度等があり、日本においては、様々な対策が農業環境公共財を供給するために実施されている。

技術支援は主に普及事業の一環として行われている。2011年時点で、日本には366の農業改良普及センターが存在し、約7,000人の普及指導員が農家に対して技術・経営指導を行っている（農林水産省, 2013c）。この普及事業には、環境保全型農業のための指導も含まれている。例えば、普及指導員はエコファーマー等の農家に対して技術・知識の普及指導を行うとともに、その他の農家やNGO、研究機関等の非農家を紹介する等、持続可能な農業生産を支える取組を支援している。地力増進法等いくつかの制度は、農業環境の改善を図るため、普及事業との連携を制度上盛り込んでいる。農林水産省もまた、持続可能な農業生産を支える取組を推進するために、家畜排せつ物の利用の促進を図るための基本方針等のガイドラインを制定している。

また、2002年には、地球温暖化防止、循環型社会形成等を達成するための取組の一環として、食料、植物、家畜排せつ物等の有機性資源由来のバイオ

マス・エネルギーやバイオマス製品の利活用を促進するために、バイオマス・ニッポン総合戦略が立ち上げられた。さらに地域のバイオマス資源の活用を促進するため、2010年にはバイオマス活用推進基本法が制定され、バイオマス事業化戦略が2012年に決定された。これらの戦略に基づき、様々な推進策が講じられている。例えば、バイオマスの安定的かつ適正な利活用が行われているモデル地域を、バイオマス・タウンとして認定する取組等が行われた（現在は、バイオマス産業都市としての選定）。また、民間企業によるバイオマス関連技術の開発を促進するため、研究開発に関する支援等が行われている。

　さらに、2006年には、有機農業の推進に関する法律が制定され、有機農業のための技術開発、普及指導の強化、消費者の理解の増進、都道府県における推進計画の策定と有機農業の推進体制の強化等の取組が政府によって推進されている。エコ・ラベル等の表示制度については、農林水産省が1992年に「有機農産物及び特別栽培農産物に係る表示ガイドライン」を制定したのを始め、2000年には慣行栽培により栽培された生産物と有機農業により栽培された生産物を消費者が区別できるよう、有機JAS規格が制定された。この有機食品に関する表示制度に加えて、生物多様性の保全活動を促進するため、2008年、農林水産省生物多様性検討会は「生物多様性を重視した持続可能な農林水産業の維持・発展に向けて―生きもの認証マーク活用への提言―」を取りまとめ、地域の生物多様性保全活動であって、生きものに着目した「生きもの認証マーク」の使用についての提言を行った。このマークは、地域の生きものを保存するような生産方式により生産された農林水産物に使用されている（例えば、ボックス4で紹介した「コウノトリ育むお米」）。これらのブランドは、地域経済の活性化につながる可能性があるだけでなく、消費者にとっても、魚と野鳥が豊富に生息する水田で生産された米が人間にとっても安全・安心であるとして歓迎される可能性がある（OECD, 2010a）。

6.4. 農業環境公共財と各種政策

表6は上述の農業環境政策とそれぞれの政策が対象としている農業環境公共財を取りまとめたものである。この表をみると、多くの政策が複数の農業環境公共財を対象としており、また、それぞれの農業環境公共財ごとに、複数の政策が実施されていることがわかる。この結果、表が複雑なものとなっており、各種政策がどのように農業環境公共財を政策目標として位置づけているのかが分かりづらいものとなっている。

規制的手法は、多くの場合、水質、土壌の質・土壌保全、大気の質等の1つの農業環境公共財を政策対象としている一方、経済的手法や技術的手法は複数の農業環境公共財を政策対象としていることがわかる。また、規制的手法が1つの農業環境公共財を対象とする際、河川法の場合（河川から取水できる農家を規制）を除いて、出口規制（窒素・りん収支等の環境水準）を行っている。水質、土壌の質・土壌保全、大気の質は農業だけでなく、様々な経済活動により影響を受けることから、影響を与える手段や手法を規制するよりも、直接、環境水準や目的を対象とする方が政策を立案しやすい。このため、規制的手法が1つの農業環境公共財を政策対象とすることは自然なことだと思われる。

他方、経済的手法や技術的手法は、農法や農業インフラを対象としている。既に議論したとおり、農業インフラ（例：水田、水路等の資源）、営農類型（例：有機農業）や農法（例：かんがい営農）は生物多様性や水質等の様々な農業環境公共財の供給に影響を与える。従って、仮に政策がこれらの農業環境公共財に影響を与える要因（入口）を対象とすると、結果として、当該政策は複数の農業環境公共財（出口）を政策対象とすることとなる。

また、それぞれの農業環境公共財に関して、複数の政策が実施されている。

例えば、水質は、基本的に、水質汚濁防止法（規制的手法）によって規制されており、農家を含む汚染者は、リファレンス・レベルを自ら費用を負担して達成する必要がある（汚染者負担原則：PPP）。このリファレンス・レベルを超えてさらに環境目標を達成するため、水質改善のための政策が実施されている。この費用は消費者又は納税者により負担されている（受益者負担原則）。具体的には、水質改善を図るため、農業投入財に関しては、化学肥料と農薬の使用を削減しているエコファーマーに対して、固定資産に対する環境支払い（無利子融資）と技術支援が行われている。営農類型に関しては、畜産農家に対して、水質を含む畜産環境を改善するため、家畜排せつ物を再利用するための施設の導入を義務づけるとともに、畜産農家がこれらの基準を達成できるよう日本政策金融公庫による融資や補助等が行われている。さらに、農村集落を基盤とする共同行動を支援し、水路等の資源（農業インフラ）の適切な維持管理を図るため、農地・水保全管理支払交付金が交付されている。これらの政策は、水質改善を図るため、農業投入財、営農類型、農業インフラを政策対象として、それぞれ異なる観点から支援策を講じている。しかし、この複雑なアプローチは、それぞれの政策がどの程度水質改善を図り、他の政策がどの程度この問題に対処しようとしているのかについて分析することを困難なものとしている。環境目標を費用対効果が高い方法で達成するためには、政策間の連携がとれた効果的なポリシーミックスが必要となる。

　このようにポリシーミックスと農業環境公共財が複雑なものとなっている理由の1つは、日本の伝統的な水田を基盤とする稲作が、農村景観、水質、洪水防止機能等の様々な農業環境公共財を供給しているためである（作山, 2006）。里地里山等の農村景観は農業、特に稲作を通じた人と自然の長い交流の歴史の中で作り上げられたものである。地下水かん養や洪水防止機能も、水田と水路等の資源の適切な管理を通じて供給されるものである。このため、

表 6 . 主な農業環境政策と農業環境公共財

農業環境公共財	政策					
	規制的手法					
	環境規制	環境税/課金	環境クロス・コンプライアンス	農法に対する環境支払い	休耕に対する環境支払い	
農村景観	景観法（2004）			中山間地域等直接支払制度（2000）	
生物多様性	カルタヘナ法（2003）外来生物法（2005）		農業環境規範（2005）	環境保全型農業直接支援対策（2011）中山間地域等直接支払制度（2000）	
水質	水質汚濁防止法（1970）家畜排せつ物法（1999）				
水量・水源かん養	河川法（1896）			中山間地域等直接支払制度（2000）	
土壌の質・土壌保全	農用地土壌汚染防止法（1971）				
炭素貯留			農業環境規範（2005）	環境保全型農業直接支援対策（2011）	
地球温暖化					
大気の質	悪臭防止法（1972）家畜排せつ物法（1999）				
国土保全				中山間地域等直接支払制度（2000）	

出典：様式は Ribaudo, M., L. Hansen, D. Hellerstein and C. Greene（2008），*The Use of Markets to Increase Private Investment in Environmental Stewardship*, United States Department of Agriculture, Economic Research Service, Economic Research Report Number 64, Washington D.C. 及び OECD（2010d），"Policy Measures Addressing Agrienvironmental Issues", *OECD Food, Agriculture and Fisheries Papers*, No. 24, OECD Publishing, Paris.を参考に筆者作成。

注：カッコ内の年は最初に政策が導入された年を指す。その他、各種補助金が様々な農業環境公共財に対して交付されている。

政策				
経済的手法				技術的手法
固定資産に対する環境支払い	成果に対する環境支払い	取引可能な許可証	共同行動対策	技術支援/普及活動/技術開発/表示/基準/証明
			農地・水保全管理支払交付金 (2007)	
持続農業法 (1999)			農地・水保全管理支払交付金 (2007)	持続農業法 (1999) 有機農業推進法 (2006) 有機食品の表示制度 (1992)
持続農業法 (1999) 家畜排せつ物法 (1999)			農地・水保全管理支払交付金 (2007)	持続農業法 (1999) 有機農業推進法 (2006) 有機食品の表示制度 (1992) 家畜排せつ物法 (1999)
			農地・水保全管理支払交付金 (2007)	
持続農業法 (1999) 家畜排せつ物法 (1999)			農地・水保全管理支払交付金 (2007)	持続農業法 (1999) 有機農業推進法 (2006) 有機食品の表示制度 (1992) 地力増進法 (1984)
		J-クレジット制度 (2008)		バイオマス・ニッポン (2002)
家畜排せつ物法 (1999)				家畜排せつ物法 (1999)
			農地・水保全管理支払交付金 (2007)	

日本の農業環境政策は、中山間地域等直接支払制度や農地・水保全管理支払交付金のように水田等の管理を通じた農業振興、耕作放棄地対策、農業資源管理に焦点を当てており、インプット・ベースの政策となっている。言い換えれば、農業環境公共財を直接政策対象とするアウトプット・ベースの政策は日本ではあまり実施されていない（作山, 2006）。アウトプット・ベースの政策は、農家単位の成果をモニタリングする方法、このような評価をすることに伴う追加的な行政費用、そして関連データが存在しないといったいくつかの問題を抱えている。しかし、特定の受益者や結果に対象を絞った直接支払い（ターゲティングされた直接支払い）の方が、農業環境を改善する上で有効であることが他のOECD諸国において実証されていることを踏まえると、日本でも政府はこのような直接支払いの導入を検討すべきである。最近発行された日本の農政に関するOECD経済局のワーキングペーパーも、目標を明確にターゲットした農業環境支払いの重要性を強調している（Jones and Kimura, 2013）。

　日本の農業環境政策のもう１つの課題は、その対象が限定されていることである。日本の環境保全型農業直接支援対策は、生物多様性と炭素貯留のみを対象とし、その他の日本にとって重要な農業環境公共財は対象としてない。また、共同行動は地理的に適切な範囲を対象とし、様々な参加者の資源を共有し、相乗効果を生み出すことができることから、農業環境公共財の供給に有効であることが知られている（OECD, 2013b）。しかし、日本では、共同行動に対する政策は水路等の農業資源の管理に限定されており、農家やNGO等の非農家によるその他の天然資源に関する管理を促すものとは必ずしもなっていない。農業環境支払いについて、例えば、水質（特に閉鎖性水域における富栄養化問題等。**ボックス４参照**）や地球温暖化ガス排出削減等を政策対象とすることも検討すべきである。共同行動対策についても、水田や水路等に関連するものだけでなく、農村景観、生物多様性、水質改善等を

図ろうとする多様なコミュニティ活動を対象とすべきである。さらに、農業環境公共財の重要度合いや適切なアプローチは地域によって異なるため、地域の状況を踏まえた柔軟性のあるプログラムが必要である。

ほとんどの場合、農業環境政策をモニタリングし、評価するのに十分な農業環境公共財に関する統計データが日本には存在しない。特に、農業環境政策についての事後評価が不十分なものとなっている。政策を立案する際には、国会や政府内の複雑な審査プロセスを経る必要があるが、いったん政策が立案されると、立案時に比べて、その効果についてはそれほど吟味されないことが多い。また、計量的なモデルを用いた政策評価はほとんど実施されていない。統計データの収集は追加費用を伴う物であり、必要なデータについても、国レベル、地方レベル、ほ場レベルと異なるが、農業環境政策についてモニタリングと評価を行い、より成果に基づいた政策を導入するためには、これらのデータの整備が不可欠である。費用対効果の高い統計データの収集が、より良い日本の農業環境政策の実施にあたっての大きな課題の1つである。

また、民間企業による取組の可能性についてもさらに検討する必要がある。民間企業が生態系サービスに関する支払いを行うことによって、農家が農業環境公共財を供給することを支援している場合もある（ボックス6）。もし、このようなアプローチが可能であるならば、政府の直接介入は必要ないかもしれない。例えば、政府の役割は、関係者のマッチングや情報提供に限定されるかもしれない。民間企業の農業環境公共財の供給に関する役割を分析することは、将来の研究において、重要な課題の1つである。

ボックス６．民間主導の取組の例: 熊本市の棚田における地下水かん養プロジェクト

九州の熊本市とその周辺は、約100万人の人口を抱えているが、この地域の飲料水はすべて地下水に依存している。この地域において、地下水の三分の一は水田に利用されたかんがい用水や雨水が地下に浸透して地下水となったものである。しかし、水田面積の減少や都市化の進展により、地下水位の低下傾向がみられている。

図8. 民間企業による地下水かん養プロジェクトのスキーム

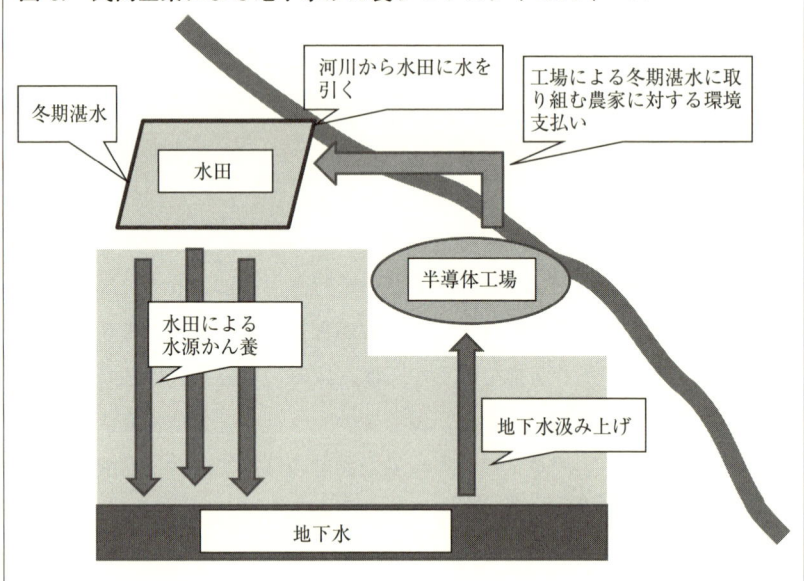

（図：冬期湛水、水田、河川から水田に水を引く、工場による冬期湛水に取り組む農家に対する環境支払い、水田による水源かん養、半導体工場、地下水汲み上げ、地下水）

出典：ソニー、http://www.sony.co.jp/SonyInfo/csr/eco/operations/biodiversity/groundwater.html
環境省、http://www.biodic.go.jp/biodiversity/shiraberu/policy/pes/en/water/water03.html

2001年に熊本で半導体工場が稼働し始めたが、同工場は地下水を大量に使用することから、地下水への影響を心配する声が上がった。これを受け、地下水をかん養させるため、同会社は地域のNGOや農業協同組合、土地改良区、地元企業、熊本市と協力して、生態系サービスへの支払い（PES: Payment for Ecosystem Services）を導入した。半導体工場は、農家に対して収穫後も水田に水を張らせることにより、地元の川から引き入れた水を地下水としてかん養させることができるようにした。このプロジェクトを通じて、地下水を還元することに成功している（2009年までに半導体工場が使用した水の量（約980万トン）以上を還元している（推定約1,160万トン））。農家は、スキームに参加すると、10a当たり、11,000円の協力金を受け取ることができる（**図8**）。

第7章

結論

　本書では、日本における農業環境公共財のための政策について分析をした。本書は、日本の幅広い農業環境政策と農業環境公共財を取りまとめようとした研究の中では最初の研究の一つである。

　本書によって、日本において政策対象となっている農業環境公共財は主に9つであることが明らかとなった。それらは、農村景観、生物多様性、水質、水量・水源かん養、土壌の質・土壌保全、炭素貯留、地球温暖化、大気の質、そして国土の保全（洪水、雪害、火災防止）である。

　ほとんどの日本の農業環境公共財は、農業生産活動と一体的に供給されている。日本の農村景観は、人と自然との長い歴史の中で作り上げられたものであり、水源かん養機能や洪水防止機能は、水田や水路等の資源の管理を通じて供給されている。農地や水路等の資源の適切な管理がこれらの農業環境公共財の供給には不可欠である。このため、これらの農業環境公共財の適切な供給を確保することを目的に、日本では、主に農業環境政策は直接農業環境公共財を政策対象とする（アウトプット・ベース）のではなく、農業環境公共財の供給状況に影響を与える様々な要因を政策対象（インプット・ベース）としている。

　利用可能なデータは限られているが、これらのデータは、農業環境公共財の需要は十分ある一方、ほとんどの場合、これらの財の供給状態が悪化していることを示している。これは、日本の農業環境公共財は、ほとんどの場合、過小供給状況にあることを示唆している。しかし、農業環境公共財の市場の

失敗の程度は明らかではなく、また、これらの程度は地域によっても異りうる。農業環境公共財の供給には政府の介入が必要だと主張することは簡単だが、政府の介入の優先順位や必要な介入の規模は、それぞれの農業環境公共財の市場の失敗の程度によって変わりうる。このため、更なる分析が必要である。

　環境目標を達成するため、日本においては、一般的に、経済的手法と技術的手法が用いられているが、水質、土壌の質・土壌保全、大気の質といった農業環境公共財については、規制的手法が用いられ、農家はリファレンス・レベルまで費用を負担することが求められている。これらの手法の適切な組み合わせが必要である。現在、日本においては、複数の政策が実施されているが、政策間の調整は十分とは言えず、ある政策がどの程度ある問題に対処し、その他の政策がどの程度当該問題に対処しようとしているのか、明らかではない。また、農業環境政策について、他のOECD諸国のように、より直接的に目標を対象とするアウトプット・ベースの政策の導入についても検討すべきである。さらに、多くの農業環境公共財が単独の農家による取組だけでは供給することができないことを踏まえると、共同行動を促進するための政策について、環境支払いだけでなく、普及事業や表示制度の活用も含めて検討すべきである。共同行動やコミュニティ活動は、単に水路等の資源の管理だけでなく、その他の農業生産活動を行う上でも重要な役割を果たす可能性がある。

　農業環境公共財の供給費用についても、もっと注意を払うべきである。多くの場合、リファレンス・レベルと農業環境目標は、明示的に設定されていない。多くの経済的手法に関して、現在の農業生産活動による環境レベルがリファレンス・レベルとなっており、農家が持続可能な農法を取り入れようとする場合に、政府が農家に対して支払いをすることとなっている。しかし、政府の介入前に、農家がどの程度費用を負担し、政府・国民がどの程度費用

を負担すべきかについて、より詳細な検討が必要である。また、いくつかの農業環境公共財は、利用価値を有していることから、このような場合、地域住民や民間企業等の農業環境公共財の受益者に一定程度供給費用の負担を求めるべきである。

　本書は、また、地方公共団体や民間企業による生態系サービスに対する支払い等の先進的な取組が行われていることを明らかにしている。これらの官民協力は、農業環境政策の費用対効果を改善することができる可能性があり、さらにその可能性について追求すべきである。

　最後に、費用対効果の高い農業環境政策の立案には、優れた農業環境指標と統計が不可欠である。農業環境公共財の需要と供給の推計に関する統計は依然として限られたものしか存在せず、数多くある農業環境政策が農業環境公共財に由来する市場の失敗を克服するのにどの程度貢献しているのかを評価することが難しい。より良い農業環境指標の設定に向け、さらなる努力が必要である。こうした努力の結果、政府の介入の必要な程度を明らかにし、適切な量の農業環境公共財を生産するために必要な要因に的を絞った政策の立案・導入を図ることができるようになるとともに、そして、農業環境政策のモニタリングや評価を行うことができるようになる可能性がある。

付録表1．リファレンス・レベルと農業環境目標の概要（詳細）

1）農村景観

環境目標	国レベルの環境目標は存在しない。景観法に基づいて地域の目標が設定されている場合がある。2013年3月時点で、同法に基づき5つの景観農業振興地域整備計画が地方公共団体によって立てられており、これらの地域計画においては、地域の農村景観と両立しうる農業の振興を図ることが規定されている。
リファレンス・レベル	国レベルのリファレンス・レベルは存在しない。景観法に基づく地域レベルのリファレンス・レベルが存在する場合がある。

2）生物多様性

環境目標	「生物多様性国家戦略 2012-2020」において国レベルの環境目標が設定されている。同戦略における目標の1つとして、「2020年までに、生物多様性の保全を確保した農林水産業が持続的に実施される」ことが掲げられている。また、当該目標の関連指標として、「農地・農業用水等の地域資源の保全管理に係る地域共同活動への延べ参加者数」等が位置づけられている。
リファレンス・レベル	国レベルのリファレンス・レベルは存在しない。現在の農法に基づく環境レベルが事実上のリファレンス・レベルとなっている。

3）水質

環境目標	1966年に制定された「水質汚濁に係る環境基準」は、農業用水に係る基準も含んでおり、これが環境目標となっている。同基準は、河川と湖沼の農業用水に係る水素イオン濃度、生物化学的酸素要求量、浮遊物質量、溶存酸素量についての基準値を定めている。
リファレンス・レベル	水質汚濁防止法に基づき、政府は汚濁物質の主な発生源である事業場（大規模な豚房施設、牛房施設、馬房施設を含む）からの排水を規制している。農業関連の同基準が国レベルのリファレンス・レベルとなっており、当該一般基準は以下のとおりとなっている。アンモニア、アンモニウム化合物、亜硝酸化合物及び硝酸化合物（硝酸性窒素等）（100mg/L）、BOD（160mg/L、日間平均：120ppm）、COD（160mg/L、日間平均：120ppm）、窒素（許容限度120mg/L、日間平均：60mg/L）、りん（許容限度16 mg/L、日間平均：8mg/L）。ただし、畜産農業のアンモニア、アンモニウム化合物、亜硝酸化合物及び硝酸化合物（硝酸性窒素等）の排出基準については暫定排出基準（700mg/L）が、畜産農業（豚房を有するものに限る）の窒素・りんの排出基準については暫定排水基準（窒素：許容限度170mg/L、日間平均：140mg/L、りん：許容限度25mg/L、日間平均：20mg/L）が、それぞれ設定されている。

4）水量・水源かん養

環境目標	水量・水源かん養に関する国レベルの環境目標は存在しない。1999年に策定された「ウォータープラン21」では、農業用水も含め、安定的な水供給量の目標を定めていた。具体的には、2010年時点の農業用水の水利用の安定性に関する目標を定めていたが、目標年次である2010年以降、同プランは更新されていない。
リファレンス・レベル	農業用水を含む河川の流水占用については、河川法により水利権が定められている（国レベルの基準）。

5）土壌の質・土壌保全

環境目標	地力増進法に基づく「地力増進基本指針」が水田、普通畑、樹園地における土づくりのための基本的な改善目標を定めている。
リファレンス・レベル	「土壌汚染防止法」は、土壌に含まれる有害物質について規制をしている。具体的には、カドミウム（0.4mg/kg（コメ））、銅（125mg/kg（土壌））、ひ素（15mg/kg（土壌））の基準が定められている（国レベルの基準）。

6）炭素貯留

環境目標	国レベルの環境目標は存在しない。
リファレンス・レベル	国レベルのリファレンス・レベルは存在しない。現在の農法に基づく環境レベルが事実上のリファレンス・レベルとなっている。

7）地球温暖化

環境目標	2020年度までに温室効果ガスを2005年度比で3.8%削減する（国レベルの目標）。
リファレンス・レベル	国レベルのリファレンス・レベルは存在しない。現在の農法に基づく環境レベルが事実上のリファレンス・レベルとなっている。

8）大気の質

環境目標	「大気汚染に係る環境基準」が二酸化硫黄、二酸化炭素、二酸化窒素を含め、大気汚染に関する国レベルの環境目標を定めている。
リファレンス・レベル	国レベルのリファレンス・レベルは存在しない。悪臭防止法に基づく地域レベルのリファレンス・レベルが設定されている場合がある。

9）洪水防止

環境目標	2012年に決定された「社会資本整備重点計画」は、水害の防止に関する目標（ハザードマップを作成・公表し、洪水に関する防災訓練等を実施した市町村の割合を2016年度末までに100％にする）を定めているが、水田による洪水防止機能に関する環境目標の設定は行っていない。
リファレンス・レベル	国レベルのリファレンス・レベルは存在しない。現在の農法に基づく環境レベルが事実上のリファレンス・レベルとなっている。

10）雪害防止

環境目標	国レベルの環境目標は存在しない。地域レベルの環境目標が設定されている場合がある。
リファレンス・レベル	国レベルのリファレンス・レベルは存在しない。現在の農法に基づく環境レベルが事実上のリファレンス・レベルとなっている。

11）火災防止

環境目標	国レベルの環境目標は存在しない。地域レベルの環境目標が設定されている場合がある。
リファレンス・レベル	国レベルのリファレンス・レベルは存在しない。現在の農法に基づく環境レベルが事実上のリファレンス・レベルとなっている。

参考文献

《英語文献》

Babiker, I. S., M. A. A. Mohamed, H. Terao, K. Kato and K. Ohta (2004), "Assessment of Groundwater Contamination by Nitrate Leaching from Intensive Vegetable Cultivation Using Geographical Information System", *Environmental International*, Vol.29. pp.1009-1017.

BirdLife International (2003), "Japanese Wetlands", in *Saving Asia's Threatened Birds*, Cambridge, United Kingdom.

CBD (Convention on Biological Diversity) (2010), "The Revitalization of Our Regional Community and Economy through Stork Conservation: Challenge for Toyooka City, Japan", *Satoyama*, CBD, Montreal.

Cooper, T., K. Hart and D. Baldock (2009), *The Provision of Public Goods through Agriculture in the European Union*, report prepared for DG Agriculture and Rural Development, Contract No 30-CE-023309/00-28, Institute for European Environmental Policy, London.

Diamond, P. A. and J. A. Hausman (1994), "Contingent Valuation: Is Some Number Better than No Number?", *Journal of Economic Perspectives*, Vol.8, No.4, pp.45-64.

Feng, Y. W., I. Yoshinaga, E. Shiratani, T. Hitomi and H. Hasebe (2004), "Characteristics and Behaviour of Nutrients in a Paddy Field Area Equipped with a Recycling Irrigation System", *Agricultural Water Management*, Vol.68, pp.47-60.

Fujioka, M. and H. Yoshida (2001), "The Potential and Problems of

Agricultural Ecosystems for Birds in Japan", *Global Environmental Research*, Vol.5, No.2, pp.151-161.

Jones, R. S. and S. Kimura (2013), "Reforming Agriculture and Promoting Japan's Integration in the World Economy", *OECD Economics Department Working Papers*, No.1053, OECD Publishing.

Kobayashi, H. (2006), "Japanese Water Management Systems from an Economic Perspective: The Agricultural Sector", in OECD, *Water and Agriculture: Sustainability, Markets and Policies*, OECD Publishing, Paris.

Kumazawa, K. (2002), "Nitrogen Fertilisation and Nitrate Pollution in Groundwater in Japan: Present Status and Measures for Sustainable Agriculture", *Nutrient Cycling in Agroecosystems*, Vol.63, pp.129-137.

Maeda, T. (2005), "Bird Use of Rice Field Strips of Varying Width in the Kanto Plain of Central Japan", *Agriculture, Ecosystems and Environment*, Vol.105, pp.347-351.

Maeda, T. (2001), "Patterns of Bird Abundance and Habitat Use in Rice Fields of the Kanto Plain, Central Japan", *Ecological Research*, Vol.16, pp.569-585.

Ministry of the Environment (2009), *The Satoyama Initiative, A Vision for Sustainable Rural Societies in Harmony with Nature*, Ministry of the Environment Nature Conservation Bureau, Tokyo.

Ministry of the Environment and the United Nations University-Institute of Advanced Studies (UNU-IAS) (2010), *Satoyama Initiative*, Ministry of the Environment and UNU-IAS, Tokyo.

Mishima S., N. Matsumoto and K. Oda (1999), "Nitrogen Flow Associated with Agricultural Practices and Environmental Risk in Japan", *Soil*

Science and Plant Nutrition, Vol.45, No.4, pp.881-889.

OECD (2013a), *OECD Compendium of Agri-environmental Indicators*, OECD Publishing. doi: 10.1787/9789264186217-en.

OECD (2013b), *Providing Agri-environmental Public Goods through Collective Action*, OECD Publishing. doi: 10.1787/9789264197213-en.

OECD (2010a), *OECD Environmental Performance Reviews: Japan*, OECD Publishing. doi: 10.1787/9789264087873-en.

OECD (2010b), *Guidelines for Cost-effective Agri-environmental Policy Measures*, OECD Publishing. doi: 10.1787/9789264086845-en.

OECD (2010c), *Environmental Cross-Compliance in Agriculture*, OECD Publishing. http://www.oecd.org/tad/sustainable-agriculture/44737935.pdf

OECD (2010d), "Policy Measures Addressing Agrienvironmental Issues", *OECD Food, Agriculture and Fisheries Papers*, No.24, OECD Publishing, Paris.

OECD (2009), *Evaluation of Agricultural Policy in Reforms in Japan*, OECD Publishing. doi: 10.1787/9789264061545-en.

OECD (2008), *Environmental Performance of Agriculture in OECD Countries since 1990*, OECD Publishing. doi: 10.1787/9789264040854-en.

OECD (2002), *Environmental Performance Reviews: Japan 2002*, OECD Publishing. doi: 10.1787/9789264175334-en.

OECD (2001), *Improving the Environmental Performance of Agriculture: Policy Options and Market Approaches*, OECD Publishing. doi: 10.1787/9789264033801-en.

OECD (1999), *Cultivating Rural Amenities: An Economic Development*

Perspective, OECD Publishing. doi: 10.1787/9789264173941-en.

OECD (1992), *Agricultural Policy Reforms and Public Goods*, OECD Publishing, Paris.

Okaichi, T. (ed.) (2004), *Red Tides*, Ocean Sciences Research vol.4. Terra Scientific Publishing Company, Tokyo, Kluwer Academic Publishers, Dordrecht.

Ribaudo, M., L. Hansen, D. Hellerstein and C. Greene (2008), *The Use of Markets to Increase Private Investment in Environmental Stewardship*, United States Department of Agriculture, Economic Research Service, Economic Research Report Number 64, Washington D.C.

Segawa, T. (2004), "Odor Regulation in Japan", in *the East Asia Workshop on Odor Measurement and Control Review*, Office of Odor, Noise and Vibration Environmental Management Bureau Ministry of the Environment, Government of Japan, Tokyo.

Shiratani, E., I. Yoshinaga, Y. Feng and H. Hasebe (2004), "Scenario Analysis for Reduction of Effluent Load from an Agricultural Area by Recycling the Run-off Water", *Water Science and Technology*, Vol.49, No.3, pp.55-62.

Shobayashi, M., Y. Kinoshita and M. Takeda (2011), "Promoting Collective Actions in Implementing Agri-environmental Policies: A Conceptual Discussion", Power Point presented at the OECD Workshop on the Evaluation of Agri-environmental Policies, 20-22 June, Braunschweig.

Sprague, D. S. (2001), "Monitoring Habitat Change in Japanese Agricultural Systems", in OECD, *Agriculture and Biodiversity: Developing Indicators for Policy Analysis*, OECD Publishing, Paris.

Takagi, A. (2003), "The Occurrence and Prediction of Erosion and Sediment Discharge in Agricultural Areas in Japan", in OECD, *Agricultural Impacts on Soil Erosion and Soil Biodiversity: Developing Indicators for Policy Analysis*, OECD Publishing, Paris.

Takeda, I. and A. Fukushima (2004), "Phosphorus Purification in a Paddy Field Watershed Using a Circular Irrigation System and the Role of Iron Compounds", *Water Research*, Vol.38, No.19, pp.4065-4074.

Takeuchi, K. (2001), "Nature Conservation Strategies for the 'Satoyama' and 'Satochi', Habitats for Secondary Nature in Japan", *Global Environmental Research*, Vol.5, No.2, pp.193-198.

Yamamoto, A. (2003), "Prevention of Landslide Disasters by Farming Activities in Monsoon Asia", in OECD, *Agriculture and Land Conservation: Developing Indicators for Policy Analysis*, OECD Publishing, Paris.

Yamaoka, K. (2006), "Paddy Field Characteristics in Water Use: Experiences in Asia", in OECD, *Water and Agriculture: Sustainability, Markets and Policies*, OECD Publishing, Paris.

《日本語文献》

沖縄県（1998）『沖縄の農業・農村の多面的機能評価について』沖縄県農林水産部

環境省（2013）『第4次レッドリスト』環境省

環境省（2012a）『生物多様性国家戦略2012-2020』環境省

環境省（2012b）『平成23年度農用地土壌汚染防止法の施行状況について』環境省

環境省（2012c）『平成23年度悪臭防止法施行状況調査について』環境省

参考文献　67

環境省（2008）『第三次生物多様性国家戦略』環境省
作山巧（2006）『農業の多面的機能を巡る国際交渉』筑波書房
内閣府（2008）「食料・農業・農村の役割に関する世論調査」、内閣府『世論調査報告書平成20年9月調査』http://www8.cao.go.jp/survey/h20/h20-shokuryou/.
農林水産省（2013a）『畜産環境をめぐる情勢』農林水産省生産局畜産部畜産企画課畜産環境・経営安定対策室　http://www.maff.go.jp/j/chikusan/kankyo/taisaku/pdf/meguru_jousei.pdf.
農林水産省（2013b）『平成24年度農地・水保全管理支払交付金の取組状況』農林水産省
農林水産省（2013c）『協同農業普及事業をめぐる情勢』農林水産省
農林水産省（2012a）『エコファーマーの認定状況について』農林水産省　http://www.maff.go.jp/j/seisan/kankyo/hozen_type/h_eco/
農林水産省（2012b）『耕地及び作付面積統計』農林水産省
農林水産省（2012c）『農業生産基盤の整備状況』農林水産省農村振興局　http://www.maff.go.jp/j/council/seisaku/nousin/bukai/h23_9/pdf/data4.pdf.
農林水産省（2012d）『環境保全型農業を推進するための政策』平成24年6月25日第3回環境保全型農業直接支援対策に係る事業効果の検証検討会、農林水産省　http://www.maff.go.jp/j/seisan/kankyo/kentokai/pdf/shiryou1_no3.pdf.
農林水産省（2011a）『耕作放棄地の現状について』農林水産省　http://www.maff.go.jp/j/nousin/tikei/houkiti/pdf/genjou_1103r.pdf.
農林水産省（2011b）『家畜排せつ物法施行状況調査結果』農林水産省
農林水産省（2011c）『国内クレジット制度における農林水産分野関連データ』農林水産省　http://www.maff.go.jp/j/kanbo/kankyo/seisaku/s_

haisyutu/pdf/data_19.pdf.
農林水産省（2010a）『2010年世界農林業センサス』農林水産省
農林水産省（2010b）『農地・水・環境保全向上対策の中間評価』農林水産省http://www.maff.go.jp/j/nousin/kankyo/nouti_mizu/pdf/hyoka.pdf.
農林水産省（2009）『田んぼの生きもの調査』農林水産省
文化庁（2003）『農林水産業に関連する文化的景観の保護に関する調査研究（報告）』文化庁　http://www.bunka.go.jp/bunkazai/shoukai/keikan_hogo.html#chapter2.
三菱総合研究所（2001）『地球環境・人間生活にかかわる農業及び森林の多面的な機能の評価に関する調査研究報告書』三菱総合研究所
吉田富美雄、柳町信吾、堀順一、渡辺哲子（2010）「水田の水質浄化機能と地下水かん養機能」『長野県環境保全研究所研究報告』、No.6、pp.1-7
吉田謙太郎（2006）「環境政策立案のための環境経済分析の役割：地方環境税と湖沼水質保全」『家計経済研究』、Vol.63、pp.22-31
吉田謙太郎（1999）「CVMによる中山間地域農業・農村の公益的機能評価」『農業総合研究』、Vol.53、No.1、pp.45-97
吉田謙太郎、木下順子、合田素行（1997）「CVMによる全国農林地の公益的機能評価」『農業総合研究』、Vol.51、No.1、pp.1-57
吉迫宏、小川茂男、塩野隆弘（2009）「棚田における土壌流出と土壌流亡予測式の係数算出」『システム農学』、Vol.25、No.4、pp.205-213

著者（訳者）紹介

植竹 哲也（うえたけ てつや）

　1979年東京都生まれ。2002年一橋大学法学部卒業（専攻・国際関係）。2008年ミシガン大学公共政策大学院修了（修士・公共政策学）。2003年農林水産省入省。総合食料局、大臣官房、経営局を経て、2011年よりOECD貿易農業局環境課農業政策アナリスト。2014年より農林水産省国際部経済連携チーム課長補佐、2015年より国際地域課課長補佐。

　主な著書・論文に『Public Goods and Externalities: Agri-environmental Policy Measures in Selected OECD Countries（『公共財と外部性：OECD諸国の農業環境政策』(2016, 筑波書房))』(2015, OECD),『Agri-environmental Resource Management by Large-scale Collective Action: Determining KEY Success Factors』(2014, *The Journal of Agricultural Education and Extension*, iFirst, 1-16.),『Providing Agri-environmental Public Goods through Collective Action（『農業環境公共財と共同行動』(2014, 筑波書房))』(2013, OECD) 等

公共財と外部性：日本の農業環境政策

Public Goods and Externalities:
Agri-environmental Policy Measures in Japan

定価はカバーに表示してあります

2016年3月31日　第1版第1刷発行

著　者　　植竹哲也
訳　者　　植竹哲也
発行者　　鶴見治彦
発行所　　筑波書房
　　　　　東京都新宿区神楽坂2-19　銀鈴会館　〒162-0825
　　　　　電話03（3267）8599　www.tsukuba-shobo.co.jp

印刷/製本　平河工業社
ISBN978-4-8119-0480-1 C3033